钢材轧制及热处理技术

孔维军　编著

北　京
冶金工业出版社
2019

内 容 简 介

全书共分 5 章，主要内容包括钢材轧制变形的力学分析、轧制过程中的摩擦与润滑、金属轧制过程分析、钢材普通热处理技术以及热处理新工艺等。

本书可供轧钢、热处理等领域的工程技术人员、科研人员阅读，也可作为高等院校相关专业教材以及企业职工岗位培训教材。

图书在版编目（CIP）数据

钢材轧制及热处理技术／孔维军编著. —北京：冶金工业出版社，2018.5（2019.11 重印）
ISBN 978-7-5024-7754-7

Ⅰ.①钢… Ⅱ.①孔… Ⅲ.①钢—轧制 ②钢—热处理
Ⅳ.①TG335 ②TG161

中国版本图书馆 CIP 数据核字（2018）第 071971 号

出 版 人 陈玉千
地　　址 北京市东城区嵩祝院北巷 39 号　邮编　100009　电话　（010）64027926
网　　址 www.cnmip.com.cn　电子信箱　yjcbs@cnmip.com.cn
责任编辑 杜婷婷　美术编辑　彭子赫　版式设计　禹　蕊
责任校对 卿文春　责任印制　李玉山
ISBN 978-7-5024-7754-7
冶金工业出版社出版发行；各地新华书店经销；北京建宏印刷有限公司印刷
2018 年 5 月第 1 版，2019 年 11 月第 2 次印刷
169mm×239mm；12.25 印张；239 千字；188 页
58.00 元
冶金工业出版社　投稿电话　（010）64027932　投稿信箱　tougao@cnmip.com.cn
冶金工业出版社营销中心　电话　（010）64044283　传真　（010）64027893
冶金工业出版社天猫旗舰店　yjgycbs.tmall.com
（本书如有印装质量问题，本社营销中心负责退换）

前　　言

为更好地实现"中国制造2025"以及国家"一带一路"倡议，推进中国钢铁产业的可持续发展，急需加强对高能耗产业的管理和控制。改革开放以来，中国钢铁轧制技术取得了长足的进步。通过消化吸收、引进技术、自主集成和自主创新，中国已经跻身于轧制技术先进国家之列。本书针对主要的钢材品种，即热轧带钢、中厚板、高速线材、管材等，分别从轧制理论、轧制工艺、热处理发展及新工艺等几方面总结了中国钢材轧制技术和热处理的总体发展情况和取得的创新性的进展。中国钢铁生产技术要进一步加强技术改造，突破制约钢材轧制技术和热处理发展的关键和共性技术，大力开发节能减排、创新性和前沿性新技术、新装备，实现钢铁材料的减量化、节约型制造，推动钢铁工业的可持续发展。

除此以外，本书可以作为教材，使学生能够熟练地制定钢坯的热处理工艺并且能正确操作热处理设备，进而培养学生在轧钢、热处理等相关岗位中应用专业知识合理优化生产工艺、降低生产能耗、提高产品质量和成材率的能力。

本书由天津冶金职业技术学院院长孔维军正高级工程师编著，在天津市高等学校科技发展基金计划项目中，谭起兵老师、张秀芳老师、林磊老师参加了研究工作。

由于作者水平所限，书中不妥之处，诚请广大读者批评指正。

作　者
2018 年 3 月

目　　录

1 钢材轧制变形的力学分析

1.1 金属塑性变形的力学基础认知

金属塑性加工是使金属在外力（通常是压力）作用下，产生塑性变形，获得所需形状、尺寸和组织、性能的制品的一种基本金属加工技术，以往常称压力加工。

金属塑性加工的种类很多，根据加工时工件的受力和变形方式，基本的塑性加工方法有锻造、轧制、挤压、拉拔、拉伸、弯曲、剪切等几类。其中锻造、轧制和挤压是依靠压力作用使金属发生塑性变形；拉拔和拉深是依靠拉力作用发生塑性变形；弯曲是依靠弯矩作用使金属发生弯曲变形；剪切是依靠剪切力作用产生剪切变形或剪断。锻造、挤压和一部分轧制多半在热态下进行加工；拉拔、拉深和一部分轧制，以及弯曲和剪切是在室温下进行的。

1.1.1 金属塑性加工认知

金属塑性加工的种类很多，常按加工工件的温度以及加工时工件的受力和变形方式进行分类。

1.1.1.1 按照塑性变形温度分类

按照工件的塑性变形温度可将金属压力加工分为热加工、冷加工和温加工三类。

热加工是指在金属在再结晶温度以上的温度进行的加工，如热轧、热锻、热挤压等。热加工时金属同时进行加工硬化和再结晶软化两个过程。热加工是压力加工中应用最为广泛的一种加工方式。

冷加工是指在金属再结晶温度以下进行的加工，如冷轧、冷拔等。冷加工时金属只产生加工硬化而不发生再结晶软化，因此变形后金属的强度、硬度升高，而塑性、韧性下降。冷加工主要应用于生产厚度较小且表面质量较好的金属产品。

温加工介于冷、热变形之间，存在加工硬化现象，同时还有部分回复和再结晶，它同时具有冷热变形的优点，如温轧、温锻、温挤等。

冷、热加工不能简单按照加工变形温度来区分，关键要看金属材料在该温度下变形时是否发生了再结晶。如铅在室温下就能发生再结晶，因此铅不经过加热直接在室温下进行塑性变形的加工就属于热加工；而钨的再结晶温度是1210℃，即便是在1200℃的高温下进行塑性变形的加工也是冷加工。

1.1.1.2 按照塑性变形时工件的受力和变形方式分类

按照塑性变形时工件的受力和变形方式可将金属压力加工分为锻造、轧制、挤压、拉拔、冲压5种典型的塑性加工方法。其中锻造、轧制、挤压是靠压力使金属产生塑性变形的，拉拔和冲压是靠拉力使金属产生塑性变形的。

（1）锻造。锻造是用锻锤的往复冲击力或压力机的压力使金属进行塑性变形的过程。锻造通常可分为自由锻造和模锻两种，如图1-1所示。

自由锻造：即无模锻造，指金属在锻造过程的流动不受工具限制（摩擦力除外）的一种加工方法。

模锻：锻造过程中的金属流动受模具内腔轮廓或模具内壁的严格控制的一种工艺方法。

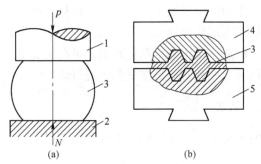

图 1-1 锻造工艺示意图

（a）自由锻；（b）模锻

1—锤头；2—下砧；3—锻件；4—上锻模；5—下锻模

（2）轧制。金属坯料通过旋转的轧辊缝隙进行塑性变形。轧制通常可分为纵轧、斜轧、横轧三种，如图1-2所示。

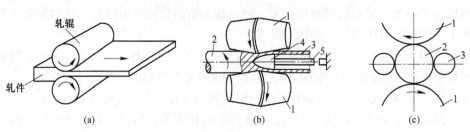

图 1-2 金属轧制示意图

（a）纵轧；（b）斜轧；（c）横轧

1—轧辊；2—轧件；3—导卫；4—顶头；5—顶杆

纵轧：金属在相互平行且旋转方向相反的轧辊缝隙间进行塑性变形，而金属的行进方向与轧辊轴线垂直。

斜轧：金属在同向旋转且中心线相互成一定角度的轧辊缝隙间进行塑性变形。

横轧：金属在同向旋转且中心线相互平行的轧辊缝隙间进行塑性变形。

（3）挤压。将金属放入挤压机的挤压筒内，以一端施加压力迫使金属从模孔中挤出，而得到所需形状的制品的加工方法。

挤压分为正挤压和反挤压。正挤压时，挤压杆的运动方向和从模孔中挤出的金属方向一致；反挤压时挤压杆的运动方向和从模孔中挤出的金属方向相反。挤压加工如图1-3 所示。

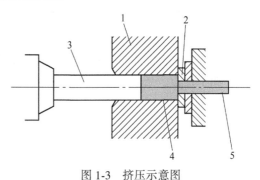

图 1-3　挤压示意图

1—挤压筒；2—模子；3—挤压轴；4—钢坯；5—制品

挤压法具有以下优点：

1）具有比轧制、锻造更强的三向压缩应力，避免了拉应力的出现，金属可以发挥其最大的塑性，使脆性材料的塑性提高。

2）挤压不仅能生产简单的管材和型材，更主要的还能生产形状极其复杂的管材和型材。

3）生产上具有较大的灵活性，非常适用于小批量多品种的生产。

4）产品尺寸精确，表面质量较高，精确度、粗糙度的表面特性都好于热轧和锻造产品。

挤压法也有一些缺点：

1）挤压方法所采用的设备较为复杂，生产率比轧制方法低。

2）挤压的废料损失一般较大。

3）工具的损耗较大。

4）制品的组织和性能沿长度和断面上不够均匀一致。

（4）拉拔。金属通过固定的具有一定形状的模孔中拉拔出来，从而使金属断面缩小长度增加的一种加工方法。拉拔加工如图1-4 所示。

拉拔法具有以下特点：

1）拉拔方法可以生产长度较大、直径极小的产品，并且可以保证沿整个长度上横断面完全一致。

2）拉拔制品形状和尺寸精确，表面质量好。

3）拉拔制品的机械强度高。

4）拉拔方法的缺点是每道加工率较小，拉拔道次较多，能量消耗较大。

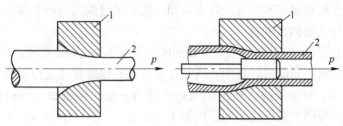

图 1-4 拉拔示意图

1—模子；2—金属制品

（5）冲压。压力机的冲头把板料顶入凹模中进行拉延，用来生产薄壁空心制品，如子弹壳，各种仪表器件、器皿及锅碗盆勺等。冲压加工如图 1-5 所示。

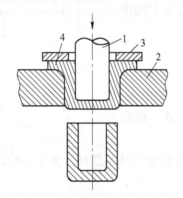

图 1-5 冲压示意图

1—冲头；2—模子；3—压圈；4—产品

1.1.2 塑性变形金属的受力分析

1.1.2.1 外力

金属的塑性变形是在外力的作用下产生的。作用在变形物体上的外力有两种，体积力（质量力）和表面力（接触力）。

体积力是作用于变形物体每个质点上的力，又称为质量力，如重力、惯性力等。

表面力是作用于变形物体表面上的力，又称为接触力。在金属压力加工中，表面力是由变形工具对变形物体的作用而产生的力，包括作用力和约束反力，通常情况下是分布力，也可以是应力集中，如锻造时的锤头与金属之间的作用力。

（1）作用力。作用力又称主动力，是压力加工设备的可动部分对工件所作用的力。如锻压设备锤头的机械运动对工件所施加的压力 p，如图 1-6 所示；拉拔时拉丝模具对变形金属所作用的拉力 p，如图 1-7 所示；轧制时轧辊对工件的

轧制压力 T 等，如图1-8所示。压力 p 取决于工件变形时所需能量的多少。

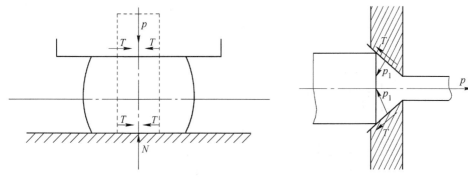

图1-6 自由锻造时金属的受力分析　　图1-7 拉拔时金属受力分析

（2）约束反力。工件在主动力的作用下，其运动受到工具其他部分的限制而促成工件变形；同时，金属质点的流动又会受到工具与工件接触面上的摩擦力的制约。因此，约束反力就是工件在主动力的作用下，其整体运动和质点流动受到工具的约束时所产生的力。变形工具与工件接触面上的约束反力有正压力和摩擦力两种。

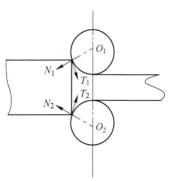

1）正压力。沿工具与工件接触面的法线方向阻碍金属整体移动或金属流动的力，并垂直指向变形工件的接触面。如图1-8中 N 力。

图1-8 轧制时金属的受力分析

2）摩擦力。沿工具与工件接触面的切线方向阻碍金属流动的剪切力，方向与金属质点流动方向或变形趋势相反，如图1-8中 T 力。

1.1.2.2 内力与应力

当物体在外力作用下，并且物体的运动受到阻碍时，或者由于物理或物理化学等作用而引起物理内原子之间距离发生改变时，在物体内部产生的一种互相平衡的力称为内力。内力主要有以下两种原因引起。

（1）自身内力。物体不受外力作用，内部原子相互作用的吸引力和排斥力（代数和为零）使金属保持一定的形状和尺寸。

（2）平衡内力。物体受外力作用，质点运动受阻碍，为平衡外力而在物体内部产生抵抗外力的力。例如工件受到如不均匀变形和不均匀加热容易产生平衡内力，如图1-9所示。

内力的大小可以用应力来度量。应力是指单位面积上作用的内力。应力又可分为正应力和切应力。正应力是指单位面积上所承受的法向应力，一般用 σ 来

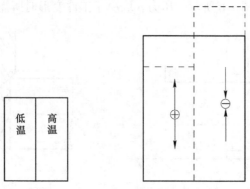

图 1-9   由于温度不均匀引起的内力

表示：

$$\sigma = \lim_{\Delta F \to 0} \frac{\Delta p}{\Delta F} \tag{1-1}$$

切应力是指单位面积上所承受的切向内应力，一般用 τ 来表示：

$$\tau = \lim_{\Delta F \to 0} \frac{\Delta p}{\Delta F} \tag{1-2}$$

当内力均匀作用在被研究截面上时，可用一点的应力大小表示该截面上的应力；如果内应力分布不均匀，则只能用内力与该截面的比值即平均应力来表示：

$$\sigma_{\text{平均}} = \frac{p}{F} \tag{1-3}$$

式中，$\sigma_{\text{平均}}$ 为平均应力；p 为总应力；F 为内力作用面积。

1.1.3   应力状态及应力图示、变形图标

1.1.3.1   应力状态

在外应力的作用下，物体内部原子被迫偏离其平衡位置，此时在物体内部就出现了内力和应力，即处于应力状态。

在金属塑性变形过程中，外力是从不同方向作用于金属的，因而在金属内部产生了复杂的应力状态。所以就必须先了解物体内任意一点的应力状态，由此来推断出整个变形物体的应力状态。"一点应力状态"是指在变形金属内某一点处取一微小的正六面体，而且假定该正六面体各个面上的应力均匀分布，作用于该正六面体各个面上的所有应力，即代表该点的应力状态。如果变形区内绝大部分金属都属于某种应力状态，则这种应力状态就表示该压力加工过程的应力状态图示，如图 1-10 所示。

对于按任意方向选取的微小正六面体，其各个面上既作用着正应力，又作用

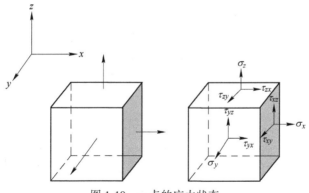

图 1-10 一点的应力状态

着切应力，这种应力状态的表示和确定是比较复杂的。如按照适当的方向选取正六面体，可以使该六面体的各个面上只受到正应力的作用而切应力为零。这种只有正应力作用而没有切应力的截面称为主平面。主平面上的正应力称为主应力，三个主应力分别用符号 σ_1、σ_2、σ_3 表示，并规定拉应力为正，压应力为负，而且 σ_1 是最大主应力，σ_2 是最中间主应力，σ_3 是最小主应力。

1.1.3.2 应力状态图示

应力状态图示是用箭头来表示所研究的某一点（或研究物体的某部分）在三个互相垂直的主轴方向上，有无主应力存在及其方向如何的定性图，简称应力图示，如图 1-11 所示。若主应力为拉应力，则箭头向外指；若主应力为压应力，则箭头向内指。

为了简化和定性说明变形物体受力后引起的某些后果，可将将变形体的长、宽、高方向近似认为与主轴方向一致，与长、宽、高垂直的截面看为主平面，在该平面上只有正应力，即主应力。按主应力的存在情况和主应力的方向，应力状态图示共有 9 种可能形式，其中包括两种线应力状态图，3 种面应力状态图，4 种体应力状态图。

1.1.4 塑性变形力学图示

1.1.4.1 变形图示

金属产生塑性变形时，在主应力方向上的变形称为主变形。为了定性的说明变形区某一部分或整个变形区的变形情况，常常采用主变形图示，简称变形图示。

变形图示就是用箭头表示所研究的点（或物体的某部分）在各主轴方向上有无主变形存在及主变形的方式的定性图，如图 1-12 所示。当某个主轴方向上

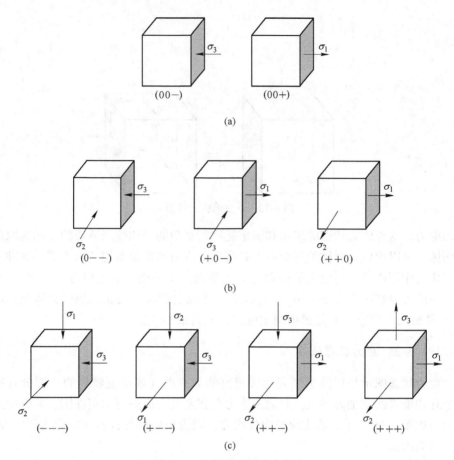

图 1-11 金属质点的应力状态

(a) 线应力状态；(b) 面应力状态；(c) 体应力状态

的变形为伸长变形时，箭头向外指；当为压缩变形时，箭头向内指。如果变形区内大部分金属都是某种变形图示，则此种变形图示就代表整个加工变形过程中的变形图示。

由于受体积不变条件的限制，虽然压力加工的方式很多，但只存在三种可能的变形图示。

（1）一向压缩、两向伸长变形。如图 1-12（a）所示，变形物体的尺寸沿一个主轴方向产生压缩变形，而沿另外两个主轴方向产生了伸长变形，如平辊上轧制的情况属于这种变形图示。

（2）一向压缩、一向伸长变形。如图 1-12（b）所示，变形物体的尺寸沿一个主轴方向产生压缩变形，沿另外一个主轴方向产生了伸长变形，而第三个主轴方向上无变形，这样的变形称为平面变形。如轧制宽而薄的板带钢时，由于横向阻力很大，宽展很小可以忽略时即属于这种变形。

（3）两向压缩、一向伸长变形。如图 1-12（c）所示，变形物体的尺寸沿两个主轴方向产生压缩变形，而沿第三个主轴方向产生了伸长变形，如挤压和拉拔，均属于这种变形。

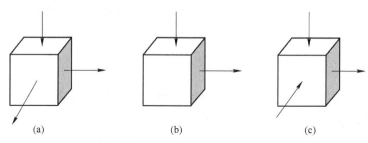

（a）　　　　　　　　　（b）　　　　　　　　　（c）

图 1-12　三种可能的变形

（a）一向压缩、两向伸长变形；（b）一向压缩、一向伸长变形；（c）两向压缩、一向伸长变形

1.1.4.2　变形力学图示

为了全面了解压力加工过程的特点，应把变形过程中的主应力图和主变形图结合起来进行分析，才能全面了解加工过程的特点。如轧制过程，在变形区内任意一点，应力状态图示为（---），变形图示为一向压缩、两向伸长变形，这种应力状态图示和变形图示的组合称为变形力学图示。

例如将短而粗的圆断面坯料加工成细而长的圆断面棒材，它可以由两向压缩、一向伸长变形图示得到，但确定压力加工方法并不是简单的事，因为至少可以由下述四种加工方法来完成该产品的加工：

（1）用简单的拉伸方法，其应力状态图示为（+00）；

（2）在挤压机上进行挤压，其应力状态图示为（---）；

（3）在孔型中进行轧制，其应力状态图示为（---）；

（4）在拉拔机上经模孔拉拔，其应力状态图示为（+--）。

由此可见，同一种产品可以用不同的压力加工方法得到，而不同的加工方法有不同的应力状态，加工的难易程度、生产效率也不一样。因此，不同的变形力学图示影响了变形金属的塑性和产品的质量，因此必须根据变形力学图示来选择合理的加工方法。

1.1.4.3　应力图示和变形图示的关系

有的应力图示与变形图示的箭头方向一致，有的不一致。这种不一致是由于在应力图示中各主应力包括了引起体积弹性变化的主应力成分，而变形图示中的主变形是指塑性变形而不包括弹性变形。引起体积变化的应力成分称为平均应力，而使几何形状发生变化的应力成分称为偏差应力。偏差应力是主应力与平均应力之差，它反映了在主应力的方向上所发生的塑性变形的大小和方向。

在物体的应力状态图示中，三个主应力相等时，三向均匀压缩，三向相等的压缩应力称为静水压力，用符号 σ_m 表示。若金属内部无空隙、疏松，则不产生滑移，理论上不产生塑性变形，而实际上可提高金属的强度和塑性，使缝隙、裂纹消失。即

$$\sigma_m = \frac{\sigma_1 + \sigma_2 + \sigma_3}{3} \qquad (1-4)$$

如从某变形物体内截取的立方体各个面上分别作用有主应力 $\sigma_1 = 60\text{MPa}$、$\sigma_2 = -60\text{MPa}$、$\sigma_3 = -240\text{MPa}$，则其平均应力为：

$$\sigma_m = \frac{\sigma_1 + \sigma_2 + \sigma_3}{3} = \frac{60 + (-60) + (-240)}{3} = -80\text{MPa}$$

$$\sigma_1 - \sigma_m = 60 - (-80) = 140\text{MPa}$$

$$\sigma_2 - \sigma_m = -60 - (-80) = 20\text{MPa}$$

$$\sigma_3 - \sigma_m = -240 - (-80) = -160\text{MPa}$$

所以在 σ_1、σ_2 主应力的方向上为延伸变形（正），在 σ_3 主应力方向上为压缩变形（负），因此变形图示为两向伸长、一向压缩变形。

1.1.5 发生塑性变形的条件

1.1.5.1 最大切应力理论（Tresca 屈服条件）

在多晶体塑性变形实验中，当试样明显屈服时，会出现与主应力成45°角的吕德斯带，因此推想塑性变形的开始与最大切应力有关。

异号应力状态在受力面上的切应力：

$$\tau' = \sigma_1 \cos\theta_n \sin\theta_n$$

$$\tau'' = \sigma_3 \sin\theta_n \cos\theta_n$$

切应力总和为：

$$\tau_n = \tau' + \tau'' = \frac{\sigma_1 + \sigma_2}{2}\sin 2\theta_n \qquad (1-5)$$

当 $\theta = 45°$ 时切应力为最大值：

$$\tau_n = \tau_{max} = \frac{\sigma_1 + \sigma_2}{2} \qquad (1-6)$$

对同号应力状态有：

$$\tau_n = \tau_{max} = \frac{\sigma_1 - \sigma_3}{2} \qquad (1-7)$$

最大切应力理论，就是假定对同一金属在同样变形条件下，无论是简单应力

状态或是复杂应力状态，当作用于物体的最大切应力达到某个极限值时，物体便开始塑性变形。即对同号应力状态：$\tau_{\max} = \dfrac{\sigma_1 - \sigma_3}{2} = K$

由假定可知，切应力极限 K 与应力状态无关，即所有应力状态的 K 值都一样。则可由单向拉伸（或压缩）确定 K。

单向拉伸时
$$\tau_n = \tau_{\max} = \frac{\sigma_1}{2} = \frac{\sigma_s}{2}$$

切应力的极值为
$$K = \tau_{\max} = \frac{\sigma_s}{2}$$

同号应力状态 $\qquad\qquad \sigma_1 - \sigma_3 = \sigma_s$

异号应力状态 $\qquad\qquad \sigma_1 + \sigma_3 = \sigma_s$

薄壁管扭转时，即纯剪应力状态下：
$$\sigma_x = \sigma_y = \sigma_z = 0$$
$$\tau_{yz} = \tau_{xz} = 0$$
$$\tau_{xy} \neq 0$$

纯剪时主应力计算：

$$\sigma_1 = \frac{\sigma_x + \sigma_y}{2} + \sqrt{\left(\frac{\sigma_x - \sigma_y}{2}\right)^2 + \tau_{xy}^2} = \tau_{xy} \tag{1-8}$$

$$\sigma_3 = \frac{\sigma_x + \sigma_y}{2} + \sqrt{\left(\frac{\sigma_x - \sigma_y}{2}\right)^2 + \tau_{xy}^2} = -\tau_{xy} \tag{1-9}$$

则得 $\qquad\qquad \sigma_1 = -\sigma_3 = \tau_{xy} = \tau_{yx}$

屈服时 $\qquad\qquad \sigma_1 = -\sigma_3 = \tau_{xy} = K$

可得
$$\tau_{\max} = \frac{\sigma_1 + \sigma_3}{2} = \frac{2\sigma_1}{2} = K = \frac{\sigma_s}{2}$$

所以 $\qquad\qquad \sigma_1 + \sigma_3 = 2K = \sigma_s \tag{1-10}$

Tresca 屈服条件计算简单，但未反映中间主应力 σ_2 的影响，存在一定误差。

1.1.5.2 形变能定制理论（Mises 屈服条件）

形变能定值理论认为，金属的塑性变形开始于使其体积发生弹性变化的单位变形势能积累到一定限度时的塑性状态，而这一限度与应力状态无关。

由材料力学可知，当仅有一个应力作用时，在此应力方向上产生的弹性变形为 ε，此时单位体积的弹性能为：

$$U_x = \frac{1}{2}\varepsilon\sigma = \frac{\sigma_s^2}{2E} \tag{1-11}$$

式中，E 为弹性模数。

在体应力状态下的单位弹性变形能为：

$$U_T = \frac{1}{2}(\varepsilon_1\sigma_1 + \varepsilon_2\sigma_2 + \varepsilon_3\sigma_3) \tag{1-12}$$

通过推导得出体应力状态下的塑性方程式为：

$$\frac{1}{\sqrt{2}}\sqrt{(\sigma_1 - \sigma_2)^2 + (\sigma_2 - \sigma_3)^2 + (\sigma_3 - \sigma_1)^2} = \sigma_s \tag{1-13}$$

式（1-13）表示在体应力状态下，金属由弹性变形过渡到塑性变形时，三个主应力与金属变形抗力之间所必备的数学关系。

简化：假定三个主应力关系为：$\sigma_1 > \sigma_2 > \sigma_3$（按代数值），即 σ_2 在 σ_1 和 σ_3 之间变化。下面讨论三种特殊情况：$\sigma_2 = \sigma_1$；$\sigma_2 = \sigma_3$；$\sigma_2 = \dfrac{\sigma_1 + \sigma_3}{2}$。将这三种特殊情况中的 σ_2 分别代入得：

$\sigma_2 = \sigma_1$ 时，$\qquad\qquad\quad \sigma_1 - \sigma_3 = \sigma_s$

$\sigma_2 = \dfrac{\sigma_1 + \sigma_3}{2}$ 时，$\qquad \sigma_1 - \sigma_3 = \dfrac{2}{\sqrt{3}}\sigma_s = 1.155\sigma_s$

$\sigma_2 = \sigma_3$ 时，$\qquad\qquad\quad \sigma_1 - \sigma_3 = \sigma_s$

一般情况可写成：

$$\sigma_1 - \sigma_3 = m\sigma_s = K \tag{1-14}$$

由式（1-14）可见，根据 Mises 屈服条件所得到结果和 Tresca 屈服条件下所得结果一致，仅在 $\sigma_2 = (\sigma_1 + \sigma_3)/2$ 时，两者有差异。

Mises 屈服条件考虑了 σ_2 的作用，由以上分析可以看出，由于 σ_s 在 σ_1 和 σ_3 之间变化，则 $m = 1 \sim 1.155$，因此实际 σ_2 对变形抗力的影响是不大的。

注意：若按代数值 $\sigma_1 > \sigma_2 > \sigma_3$ 进行运算，则各主应力应按代数值代入塑性方程；若以 σ_1 为作用力方向的主应力，即 σ_1 为绝对值最大的主应力，则按绝对值规定 $\sigma_1 > \sigma_2 > \sigma_3$ 时，σ_s 与 σ_1 符号应相同，拉应力为正，压应力为负。

1.2　塑性变形基本定律

1.2.1　体积不变定律及应用

1.2.1.1　体积不变定律内容

在压力加工过程中，只要金属的密度不发生变化，变形前后金属的体积就不会产生变化。若设变形前金属的体积为 V_0，变形后的体积为 V_1，则有：

$$V_0 = V_1 = 常数$$

实际上，金属在塑性变形过程中，其体积总有一些变化，这是由于：

（1）在轧制过程中，金属内部的缩孔、气泡和疏松被焊合，密度提高，因而改变了金属体积。这就是说除内部有大量存在气泡的沸腾钢锭（或有缩孔及疏松的镇静钢锭、连铸坯）的加工前期外，热加工时，金属的体积是不变的。

（2）在热轧过程中金属因温度变化而发生相变以及冷轧过程中金属组织结构被破坏，也会引起金属体积的变化，不过这种变化都极为微小。例如，冷加工时金属的密度减少约 0.1%~0.2%。不过这些在体积上引起的变化是微不足道的，况且经过再结晶退火后其密度仍然恢复到原有的数值。

1.2.1.2 体积不变定律的应用

（1）确定轧制后轧件的尺寸。设矩形坯料的高、宽、长分别为 H、B、L，轧制以后的轧件的高、宽、长分别为 h、b、l，如图 1-13 所示。

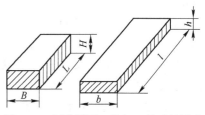

根据体积不变条件，则：

$$V_1 = HBL$$
$$V_2 = hbl$$

图 1-13 矩形断面工件加工前后的尺寸

$$HBL = hbl \tag{1-15}$$

在生产中，一般坯料的尺寸均是已知的，如果轧制以后轧件的高度和宽度也已知，则轧件轧制后的长度是可求的，即

$$l = \frac{HBL}{hb} \tag{1-16}$$

（2）根据产品的断面面积和定尺长度，选择合理的坯料尺寸。

（3）在连轧生产中，为了保证每架轧机之间不产生堆钢和拉钢，必须使单位时间内金属从每架轧机间流过的体积保持相等，即

$$F_1 v_1 = F_2 v_2 = \cdots = F_n v_n \tag{1-17}$$

式中，F_1，F_2，$\cdots$，F_n 为每架轧机上轧件出口的断面积；v_1，v_2，$\cdots$，v_n 为各架轧机上轧件的出口速度，它比轧辊的线速度稍大，但可看作近似相等。

如果轧制时 F_1，F_2，$\cdots$，F_n 为已知，只要知道其中某一架轧辊的速度（连轧时，成品机架的轧辊线速度是已知的），则其余的转速均可一一求出。

1.2.2 最小阻力定律及其应用

1.2.2.1 最小阻力定律内容

（1）物体在变形过程中，其质点有向各个方向移动的可能时，则物体内的

各质点将沿着阻力最小的方向移动。

（2）金属塑性变形时，若接触摩擦较大，其质点近似沿最法线方向流动，也称为最短法线定律。

（3）金属塑性变形时，各部分质点均向耗功最小的方向流动，也称为最小功原理。

1.2.2.2 最小阻力定律的应用

（1）判断金属变形后的横断面形状。

如图 1-14 所示的矩形六面体的镦粗，其变化情况由图可清楚地看出：随着压缩量的增加，矩形断面的变化逐渐变成多面体、椭圆和圆形断面。

对于这个现象的分析：用角平分线的方法把矩形断面划分为 4 个流动区域——两个梯形和两个三角形，用角平分线划分是因为角平分线上的质点到两个周边的最短法线长度是相等的，因此，在该线上的金属质点向两个周边流动的趋势也是相等的。

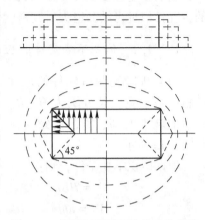

图 1-14 塑压矩形断面柱体变化规律

由图 1-14 可见，每个区域内的金属质点，将向着垂直矩形各边的方向移动，由于向长边方向移动的金属质点往短边移动的多，故当压缩量增大到一定程度时，变形的最终断面将变为圆形。

结论：任何断面形状的柱体，当塑压量很大时，最后都将变成圆形断面。

（2）确定金属流动的方向。

利用最小阻力定律分析小辊径轧制的特点，如图 1-15 所示。在压下量相同的条件下，对于不同辊径的轧制，其变形区接触弧长度是不相同的，小辊径的接触弧较大辊径小，因此，在延伸方向上产生的摩擦阻力较小，根据最小阻力定律可知，金属质点向延伸方向流动的多，向宽度方向流动的少，故用小辊径轧出的轧件长度较长，而宽度较小。

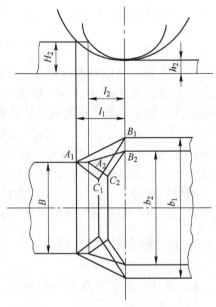

图 1-15 轧辊直径对宽展的影响

在轧制生产中，延伸总是大于宽展的原因有两点：一是在轧制时，变形区长度一般总是小于轧件的宽度，根据最小阻力定律得，金属质点沿纵向流动的比沿横向流动的多，使延伸量大于宽展量；二是由于轧辊为圆柱体，沿轧制方向是圆弧的，而横向为直线型的平面，必然产生有利于延伸变形的水平分力，它使纵向摩擦阻力减少，即增大延伸，所以，即使变形区长度与轧件宽度相等时，延伸与宽展的量也并不相等，延伸总是大于宽展。

1.2.3 弹塑性共存定律

1.2.3.1 弹塑性共存定律内容

物体在产生塑性变形之前必须先产生弹性变形，在塑性变形阶段也伴随着弹性变形的产生，总变形量为弹性变形和塑性变形之和。

为了说明在塑性变形过程中，有弹性变形存在，通过拉伸实验为例来说明这个问题。

图 1-16 所示为拉伸实验的变化曲线（OABC），当应力小于屈服极限时，为弹性变形的范围，在曲线上表现为 OA 段，随着应力的增加，即应力超过屈服极限时，则发生塑性变形，在曲线上表现为 ABC 段，在曲线的 C 点，表明塑性变形的终结，即发生断裂。

从图 1-16 中可以看出：

（1）变形的范围内（OA），应力与变形的关系成正比，可用虎克定律近似表示。

（2）在塑性变形的范围内（ABC），随着拉应力的增加（大于屈服极限），当加载到 B

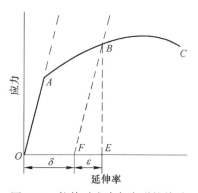

图 1-16 拉伸时应力与变形的关系

点时，则变形在图中为 OE 段，即为塑性变形 δ 与弹性变形 ε 之和，如果加载到 B 点后，立即停止并开始卸载，则保留下来的变形为 OF（δ），而不是有载时的 OE 段，它充分说明卸载后，其弹性变形部分 EF（ε）随载荷的消失而消失，这种消失使变形物体的几何尺寸多少得到了一些恢复，由于这种恢复，往往在生产实践中不能很好控制产品尺寸。

（3）弹性变形与塑性变形的关系，要使物体产生塑性变形，必须先有弹性变形或者说在弹性变形的基础上，才能开始产生塑性变形，只有塑性变形而无弹性变形（或痕迹）的现象在金属塑性变形加工中，是不可能见到的。因此，我们把金属塑性变形在加工中一定会有弹性变形存在的情况，称为弹塑共存定律。

1.2.3.2   弹塑性共存定律的应用

弹塑性共存定律在轧钢中具有很重要的实际意义，可用以指导我们生产的实践。

（1）用以选择工具。在轧制过程中工具和轧件是两个相互作用的受力体，而所有轧制过程的目的是使轧件具有最大程度的塑性变形，而轧辊则不允许有任何塑性变形，并使弹性变形尽量小。因此，在设计轧辊时应选择弹性极限高，弹性模数大的材料；同时应尽量使轧辊在低温下工作。相反的，对钢轧件来讲，其变形抗力越小、塑性越高越好。

（2）由于弹塑性共存，轧件的轧后高度总比预先设计的尺寸要大。如图 1-17 所示，轧件轧制后的真正高度 h 应等于轧制前事先调整好的辊缝高度 h_0，轧制时轧辊的弹性变形 Δh_n（Δh_n 为轧机所有部件的弹性变形在辊缝上所增加的数值）和轧制后轧件的弹性变形 Δh_M 之和，即

$$h = h_0 + \Delta h_n + \Delta h_M$$

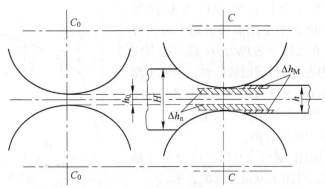

图 1-17   轧辊及轧件的弹性变形图

因此，轧件轧制以后，由于工具和轧件的弹性变形，轧件的压下量比我们所期望的值小。

1.3   金属的塑性与变形抗力

从金属成形工艺的角度出发，我们总希望变形的金属或合金具有高的塑性和低的变形抗力。随着生产的发展，出现了许多低塑性、高强度的新材料，需要采取相应的新工艺进行加工。因此研究金属的塑性和变形抗力，是一个十分重要的问题。

1.3.1   金属塑性概念及测定方法

塑性是指固体材料在外力作用下发生永久变形而又不破坏其完整性的能力。人

们常常容易把金属的塑性和硬度看作成反比的关系，即认为凡是硬度高的金属其塑性就差。当然，有些金属是这样的，但并非都是如此，例如表1-1中的金属。

表1-1 金属与硬度和断面收缩率之间的关系

金属元素	布氏硬度（HB）	断面收缩率（ψ）/%
Fe	80	80
Ni	60	60
Mg	8	3
Sb	30	0

可见 Fe、Ni 不但硬度高，塑性也很好；而 Mg、Sb 虽然硬度低，但塑性也很差。塑性是和硬度无关的一种性能。同样，人们也常把塑性和材料的变形抗力对立起来，认为变形抗力高塑性就低，变形抗力低塑性就高，这也是和事实不符合的。例如奥氏体不锈钢在室温下可以经受很大的变形而不破坏，即这种钢具有很高的塑性，但是使它变形却需要很大的压力，即同时它有很高的变形抗力。可见，塑性和变形抗力是两个独立的指标。

为了衡量金属塑性的高低，需要一种数量上的指标，这个指标称塑性指标。塑性指标是以金属材料开始破坏时的塑性变形量来表示。常用的塑性指标是拉伸试验时的延伸率 δ 和断面缩小率 φ，δ 和 φ 由下式确定：

$$\delta = \frac{l_K - l_0}{l_0} \times 100\% \tag{1-18}$$

$$\varphi = \frac{F_0 - F_K}{F_0} \times 100\% \tag{1-19}$$

式中，l_0、F_0 为试样的原始标距长度和原始横截面积；l_K、F_K 为试样断裂后标距长度和试样断裂处最小横截面积。

实际上，这两个指标只能表示材料在单向拉伸条件下的塑性变形能力，金属的塑性指标除了用拉伸试验之外，还可以用镦粗试验、扭转试验等来测定。

镦粗试验由于比较接近锻压加工的变形方式，是经常采用的一种方法。试件做成圆柱体，高度 H_0 为直径 D_0 的 1.5 倍（例如 $D_0 = 10mm$，$H_0 = 15mm$）。取一组试样在压力机上进行镦粗，分别依次镦粗到预定的变形程度，第一个出现表面裂纹的试样的变形程度 ε，即为塑性指标：

$$\varepsilon = \frac{H_0 - H_K}{H_0} \times 100\% \tag{1-20}$$

式中，H_0 为试样原始高度；H_K 为第一个出现裂纹的试样镦粗后高度。

为了减少试样的数量和试验工作量，可做一个楔形块当作试样（见图1-18），这样，一个楔形块镦粗后便可获得预定的各种变形程度，以代替一组圆柱形试样。只要计算出第一条裂纹处的变形程度 ε，就是材料镦粗时的塑性指标。如果把若干组试样（或者若干楔形块）分别加热到不同的预定温度，进行镦粗试验，则可测定金属和合金在不同温度下的塑性指标。

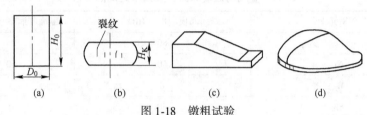

图 1-18　镦粗试验

（a）原始试样；（b）出现裂纹后试样；（c）楔形块镦粗前；（d）楔形块镦粗后

镦粗试验时试样裂纹的出现，是由于侧表面处拉应力作用的结果。工具与试样接触表面的摩擦力、散热条件、试样的几何尺寸等因素，都会影响到拉应力的大小。因此，用镦粗试验测定塑性指标时，为便于比较，必须制定相应的规程，说明试验的具体条件。

通常根据镦粗试验的塑性指标 ε 材料可如下分类：$\varepsilon > 60\% \sim 80\%$，为高塑性；$\varepsilon = 40\% \sim 60\%$，为中塑性；$\varepsilon = 20\% \sim 40\%$，为低塑性。塑性指标 ε 在 20% 以下，该材料实际上难以锻压加工。

将不同温度时，在各种试验条件下得到塑性指标（δ、ψ、ε 及 a_K 等），以温度为横坐标，以塑性指标为纵坐标，绘成函数曲线，这种曲线图称为塑性图。图 1-19 是碳钢的塑性图。一个完整的塑性图，应该给出压缩时的变形程度 ε、拉伸时的强度极限 σ_b、延伸率 δ、断面缩小率 ψ、扭转时的扭角或转数、冲击韧性 a_K 等力学性能和试验温度的关系，它是确定金属塑性加工热力规范的重要依据。

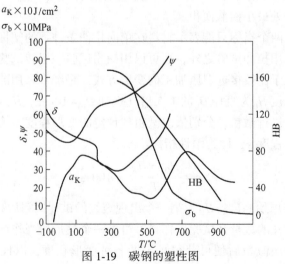

图 1-19　碳钢的塑性图

1.3.2 影响塑性的因素及提高塑性的途径

影响金属塑性的因素很多，现在主要从金属的自然性质、变形的温度-速度条件、变形的力学条件三个方面来讨论。

1.3.2.1 金属的自然性质对塑性的影响

A 组织状态的影响

（1）纯金属有最好的塑性。

（2）单相组织（纯金属或固溶体）比多相组织塑性好。

（3）晶粒细化有利于提高金属的塑性。

（4）化合物杂质呈球状分布对塑性较好；呈片状、网状分布在晶界上时，金属的塑性下降。

（5）经过热加工后的金属比铸态金属的塑性高。

B 化学成分的影响

（1）铁、硫、锰。化学纯铁具有很高的塑性，工业纯铁在 900℃ 左右时，塑性突然下降。硫是钢中有害杂质，易产生"红脆"现象。锰可提高钢的塑性，但锰钢对过热的敏感性强，在加热过程中晶粒容易粗大，使钢的塑性降低。

（2）碳。碳在碳钢中含碳量越高，塑性越差，热加工温度范围越窄。当 $w(C) < 1.4\%$ 时，有很好的塑性。

（3）镍。镍能提高钢的强度和塑性，减慢钢在加热时晶粒的长大。

（4）铬。铬能使钢的塑性和导热性降低。

（5）钨、钼、钒。钨、钼、钒的加入都能使塑性降低。

（6）硅、铝。在奥氏体钢中，$w(Si) > 0.5\%$ 时，对塑性不利，$w(Si) > 2.0\%$ 时，钢的塑性降低，$w(Si) > 4.5\%$ 时，在冷状态下塑性很差。铝对钢的塑性有害。

（7）磷。钢中 $w(P) < 1\% \sim 1.5\%$ 时，在热加工范围内对塑性影响不大。在冷状态下，磷使钢的强度增加塑性降低，产生"冷脆"现象。

（8）铅、锡、砷、锑、铋。钢中五大有害元素，它们在加热时熔化，使金属失去塑性。

（9）氧、氮、氢。氧能使钢的塑性降低，氮也会使钢的塑性变差，氢对钢的塑性无明显的影响。

（10）稀土元素。适当加入一些稀土，能使钢的塑性得到改善。

C 铸造组织的影响

铸坯的塑性低、性能不均匀。主要原因有以下几点：

（1）铸态材料的密度较低，因为在接近铸锭的头部和轴心部分，分布有宏观和微观的孔隙，沸腾钢钢锭有皮下气泡。

（2）用一般方法熔炼的钢锭，经常发现有害杂质（如硫、磷等）的很大偏析，特别是在铸锭的头部和轴心部分。

（3）对于大钢锭，枝晶偏析会有较大的发展。

（4）在双相和多相的钢与合金中，第二相组织成粗大的夹杂物，常常分布在晶粒边界上。

1.3.2.2 变形温度-速度对塑性的影响

A 变形温度的影响

一般是随着温度的升高，塑性增加。但并不是直线上升的。现以温度对碳素钢塑性的影响的一般规律（见图1-20）分析说明。

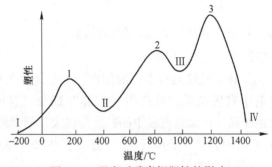

图1-20 温度对碳素钢塑性的影响

Ⅰ区——钢的塑性很低，在零下200℃时塑性几乎为0，主要是由于原子热运动能力极低所致。部分学者认为低温脆性的出现，是与晶粒边界的某些组织组成物随温度降低而脆化有关，如磷高于0.08%和砷高于0.3%的钢轨，在零下40~60℃已经变为脆性物。

Ⅱ区——位于200~400℃之间，此区域也称为蓝脆区，钢材的断口呈现蓝色的氧化物，因而称为"蓝脆"。一般认为是某种脆性杂物（如Fe_3O_4等）以沉淀的形式沿晶界析出极大弱化晶界间的结合力所致。

Ⅲ区——位于800~950℃的范围内，称为热脆区。由于在金属相变区内有铁素体和奥氏体共存，产生了变形的不均匀性，出现附加拉应力，使塑性降低。也有学者认为是由于硫元素的影响，也称该区域为红脆区。

Ⅳ区——接近于金属的熔点温度，此时晶粒迅速长大，晶间强度逐渐削弱，继续加热有可能使金属产生过热或过烧现象。

在塑性增加区：

1区——位于100~200℃之间，塑性增加是由于在冷变形时原子动能增加的缘故（热振动）。

2 区——位于 700~800℃之间，由于有再结晶和扩散过程发生，这两个过程对塑性都有好的作用。

3 区——位于 950~1250℃ 的范围内，在此区域中没有相变，钢的组织是均匀一致的奥氏体。

通过图 1-20 分析，热轧时应尽可能地使变形在 3 区温度范围内进行，而冷加工的温度则应为 1 区。

B 变形速度的影响

变形速度对塑性的影响也是比较复杂的。基于变形速度对塑性的影响可以用图 1-21 中的曲线来描述。

图中将曲线分成了 Ⅰ 区和 Ⅱ 区两个部分，两部分交界处为临时变形速度，在改变形速度下的变形，金属的塑性最低。

对于 Ⅰ 区，即变形速度小于临界变形速度，该区随变形速度的增加，塑性随之下降。引起这种变化的原因可能是下列几种情况：

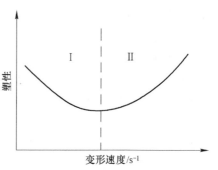

图 1-21 变形速度对塑性的影响

（1）对于冷加工，随着变形速度的增加，变形能产生的热量还不足以升高变形金属的温度达到回复再结晶的温度范围。因此，在该情况下的加工变形，金属的组织变化是以加工硬化为主的，故变形速度的增加，会造成晶格畸变严重而不利于滑移变形，结果使塑性降低。

（2）对于热加工，虽然产生的热效应没有冷加工显著，但终究会使变形温度发生变化，如果这种温度变化，使金属由高的塑性区进入脆性区或者处在相变温度范围，则这种变形速度增加，对塑性是降低的。

（3）由弹塑性共存可知，塑性变形要经过弹性变形后才会发生，说明发生塑性变形需要一定的时间。因而变形速度的增加，将会使变形金属内部的大部分区域来不及进行滑移，变形不均匀，结果使金属的塑性下降。

对于 Ⅱ 区，是在大于临界变形速度的情况下，随变形速度的增加，塑性增加。引起这种变化的原因是下列几种现象：

（1）如果是冷加工，随变形速度的增加，变形能转变的热量能够对硬化的金属逐步进行软化。

（2）如果是热加工，同样由于热效应变形金属温度升高，如果这个温度是由脆性加工区升高到塑性区，则会导致金属的塑性增加；如果在加工时温度散失的速度大于热效应使物体温度升高的速度，则也可能由脆性区转变到塑性较好的区域，使塑性得到提高。

（3）在热加工中，加工硬化和再结晶是同时进行的。如果在加工中随变形速度的增加，再结晶速度大于加工硬化过程，则金属的塑性也是能得到提高的。

1.3.2.3 变形力学条件对塑性的影响

A 应力状态的影响

在进行压力加工的应力状态中，压应力个数越多，数值越大（即静水压力越大），金属塑性越高。

三向压应力状态图最好，两向压应力一向拉应力次之，三向拉应力最坏。其影响原因归纳如下：

（1）三向压应力状态能遏止晶间相对移动，使晶间变形困难。

（2）三向压应力状态能促使由塑性变形和其他原因而破坏了的晶内和晶间联系得到修复。

（3）三向压应力状态能完全或局部地消除变形体内数量很少的某些夹杂物甚至液相对塑性不良的影响。

（4）三向压应力状态可以完全抵消或大大降低由不均匀变形而引起的附加拉力，使附加拉应力所造成的破坏作用减轻。

B 变形状态的影响

主变形图中压缩分量越多，对充分发挥金属的塑性越有利。

两向压缩一向延伸的变形图最好，一向压缩一向延伸次之，两向延伸一向压缩的主变形图最差。

1.3.2.4 其他因素对塑性的影响

A 不连续变形的影响

当热变形时，在不连续变形的情况下，可提高金属的塑性。这是由于不连续变形条件下，每次变形量小，产生的应力小，不易超过金属的塑性极限。同时，在各道次变形的间隙时间内，可以发生软化过程，使塑性在一定程度上得以恢复。经过变形的铸态金属，由于改善了组织结构，提高了致密度，塑性也得到了提高。

B 尺寸（体积）因素的影响

实践证明，随着物体体积的增大塑性有所降低，但降低一定程度后，体积再增加其影响减小。

1.3.2.5 提高塑性的途径

为了提高金属的塑性，必须设法增加对塑性有利的因素，同时减少和避免不利因素。提高塑性的主要途径有以下几个方面：

（1）控制金属的化学成分，改善组织结构。通过冶炼的方式将金属中有害元素的含量降到下限，同时加入有益元素提高金属的塑性。再热加工过程中，尽量在单相区内进行塑性加工，采取适当的工艺措施，使组织和结构均匀，形成细小的晶粒，对铸态组织的成分偏析、组织不均匀应采用合适的工艺来加以改善。

（2）采用合适的变形温度-速度制度。其原则是使塑性变形金属在高塑性区内进行，对热加工来说，应保证在加工过程中再结晶得以充分进行。

（3）选择合适的变形力学状态。在生产过程中，对于某些塑性偏低的金属，应选用三向压应力较强的加工方式，并限制附加拉应力的出现。

（4）尽量造成均匀的变形过程。

（5）避免加热和加工时周围介质的不良影响。

1.3.3 变形抗力

1.3.3.1 基本概念

塑性加工时，使金属发生塑性变形的外力，称为变形力。金属抵抗变形之力，称为变形抗力。变形抗力和变形力数值相等，方向相反，一般用平均单位面积变形力表示其大小。当压缩变形时，变形抗力即是作用于施压工具表面的单位面积压力，故也称单位流动压力。

变形抗力和塑性，如上所述，是两个不同的概念，塑性反映材料变形的能力，变形抗力则反映材料变形的难易程度。

变形抗力的大小，不仅决定于材料的真实应力（流动应力），而且也决定于塑性成型时的应力状态、接触摩擦以及变形体的相对尺寸等因素。只有在单向拉伸（或压缩）时，变形抗力等于材料在该变形温度、变形速度、变形程度下的真实应力。因此，离开上述具体的加工方法等条件所决定的应力状态、接触摩擦等因素，就无法评论金属和合金的变形抗力。为了研究问题时方便，我们在讨论各种因素对变形抗力的影响时，在某些情况下姑且把单向拉伸（或压缩）时的真实应力（或强度极限）当作衡量变形抗力大小的指标。实际上也可以认为，塑性成型时变形抗力的大小，主要决定于材料本身的真实应力（或强度极限）。但是它们之间的概念不同，它们的数值在大多数情况下也不相等。

金属或合金的变形抗力通常以单向应力状态（单向拉伸、单向压缩）下所测得的屈服极限 σ_s 来度量。但是金属塑性加工过程都是复杂的应力状态，对于同一种金属材料来说，其变形抗力值一般要比单向应力状态时大得多。

1.3.3.2 测定方法

测量金属变形抗力的基本方法有拉伸法、压缩法和扭转法。主要有拉伸法、压缩法两种方法。

A 拉伸法

使用圆柱试样，认为拉伸过程中在试样出现细颈前，在其标距内工作部分的应力状态为均匀分布的单向拉应力状态。这时，所测出的拉应力便为变形物体在此变形条件下的变形抗力。此时变形物体的真实变形应力为：

$$\sigma = \frac{p}{F} \tag{1-21}$$

根据体积不变定律：$Fl = F_0 l_0$，可得：

$$F = F_0 \frac{l_0}{l}$$

假定在试样标距的工作部分内金属的变形也是均匀分布的。所以此时变形物体的真实变形 ε 应为：

$$\varepsilon = \ln \frac{l}{l_0} \tag{1-22}$$

式中，p 为试样在拉伸某瞬间所承受的拉力；F、l 分别为在该拉伸瞬间试样工作部分的实际横断面面积和长度；F_0、l_0 分别为拉伸试样工作部分的原始横断面面积和长度。

拉伸法测量的特点是测量精确，方法简单，但变形程度不应大于20%~30%。

B 压缩法

试样压缩时变形程度为：

$$\varepsilon = \ln \frac{H}{h} \tag{1-23}$$

由此测得的变形抗力为：

$$\sigma = \frac{p}{F} = \frac{p}{F_0} e^{-\varepsilon} \tag{1-24}$$

压缩法的优点是能允许试样具有比拉伸更大的变形。但缺点是在压缩时完全保证试样处于单向压应力状态较为困难。一般来讲，试样的高径比，即 H/D 值越大，接触摩擦的影响越小。在一般情况下应保证 $H/D < 2 \sim 2.5$，否则试样压缩时不稳定。

1.3.3.3 变形抗力的确定

要计算金属塑性变形过程中所需的外力，必须知道变形抗力的值。

A 热轧时变形抗力的确定

热轧时的变形抗力根据变形时的温度、平均变形速度、变形程度由实验方程得到变形抗力曲线来确定：

$$\sigma_s = C \sigma_{s30\%} \tag{1-25}$$

式中，$\sigma_{s30\%}$ 为变形程度 $\varepsilon = 30\%$ 时的变形抗力；C 为与实际压下率有关的修正系数。

B 冷轧时变形抗力的确定

冷轧时的宽展量可以忽略，其变形为平面变形，此时的变形抗力用平面变形抗力 K 来衡量，$K = 1.15 \sigma_s$。

冷轧时的平面变形抗力由各个钢中的加工硬化曲线，根据各道次的平均总变形程度来查图确定。其平均总变形程度为：

$$\bar{\varepsilon} = 0.4 \varepsilon_H + 0.6 \varepsilon_h \tag{1-26}$$

式中，$\bar{\varepsilon}$ 为该道次平均总变形程度；ε_H 为该道次轧制前的总变形程度，$\varepsilon_H = (H_0 - H)/H_0$；$\varepsilon_h$ 为该道次轧制后的总变形程度，$\varepsilon_h = (H_0 - h)/H_0$；$H_0$ 为退火后带坯厚度；H、h 为该道次轧制前、轧制后的轧件厚度。

1.3.3.4 影响变形抗力的因素

A 金属化学成分和显微组织的影响

不同的金属材料具有不同的变形抗力，同一种金属材料在不同的变形温度、变形程度下，变形抗力也不同。前者是金属材料本身的属性，称为影响金属变形抗力的内因；而后者则是属于变形过程的工艺条件（变形温度，变形速度、变形程度和应力状态）及其他外部条件对变形抗力的影响，常称为影响金属变形抗力的外因。例如铅的变形抗力比钢的变形抗力低得多，铅的屈服极限 σ_s 为 16MPa，而碳素结构钢 08F 钢的屈服极限 σ_s 为 180MPa。

a 化学成分的影响

(1) 碳。在较低的温度下随着钢中含碳量的增加，钢的变形抗力升高。一般钢中，增加 0.1% 的碳可使钢的强度极限提高 60~80MPa。温度升高时其影响减弱，如图 1-22 所示。

(2) 锰。钢中含锰量的增多，可使钢成为中锰钢和高锰钢。其中中锰结构钢（15Mn~50Mn）的变形抗力稍高于具有相同含碳量的碳钢，而高锰钢（Mn12）有更高的变形抗力。

(3) 硅。钢中含硅对塑性变形抗力有明显的影响。用硅使钢合金化时，可使钢的变形抗力有较大的提高。

(4) 铬。对含铬量为 0.7%~1.0%（质量分数）的铬钢来讲，影响其变形抗力的主要不是铬，而是钢中的含碳量，这些钢的变形抗力仅比具有相同含碳量的碳钢高 5%~10%（质量分数）。

(5) 镍。镍在钢中可使变形抗力提高。

b 显微组织的影响

（1）晶粒越细小，变形抗力越大。

（2）单相组织比多相组织的变形抗力要低。

（3）晶粒体积相同时，晶粒细长者比等轴晶粒结构的变形抗力大。

（4）晶粒尺寸不均匀时，比均匀晶粒结构时大。

（5）在一般情况下，夹杂物会使变形抗力升高。

（6）钢中有第二相时，变形抗力也会相应提高。

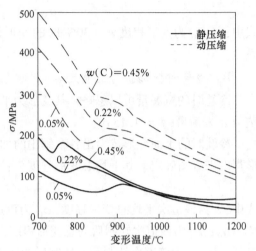

图 1-22 在不同变形温度和变形速度下含碳量对碳钢变形抗力的影响

B 变形温度的影响

在加热及轧制过程中，温度对钢的变形抗力影响非常大。随着钢的加热温度的升高，变形抗力降低。

温度升高，金属变形抗力降低的原因有以下几个方面：

（1）发生了回复与再结晶。回复使变形金属得到一定程度地软化，与冷成型后的金属相比，金属的变形抗力有所降低。再结晶则完全消除了加工硬化，变形抗力显著降低。

（2）临界剪应力降低。金属原子热振动的振幅增大，原子间的键力减弱，金属原子之间的结合力降低。

（3）金属的组织结构发生变化。此时变形金属可能由多相组织转变为单相组织，变形抗力显著下降。

（4）随温度的升高，新的塑性变形机制参与作用。

C 变形速度的影响

在热变形时，通常随变形速度的提高变形抗力提高。关于变形速度对变形抗力的影响的物理本质研究还不够。强化-恢复理论认为，塑性变形过程中，变形金属内有两个相反的过程，即强化过程和软化过程同时存在，如图 1-23 所示。

D 变形程度的影响

在冷状态下，由于金属的强化（加工硬化），变形抗力随着变形程度的增大而显著提高。

在热状态下，变形程度对变形抗力的影响较小，一般随变形程度增加，变形抗力稍有增加。

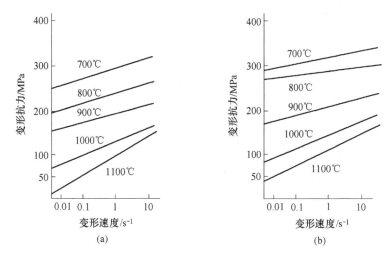

图 1-23 变形速度对碳钢变形抗力的影响

(a) 压下率为 50%；(b) 压下率为 10%

E 应力状态的影响

具有同号主应力变形抗力大于异号主应力的变形抗力，同时在同号主应力图中，随着应力的增加，变形抗力也增加。可以用塑性方程解释。

1.3.3.5 降低变形抗力常用的工艺措施

变形抗力过大，不仅加工变形困难，而且增加了能量消耗，还降低了产品的质量。因此轧制过程中，必须采取一些有效措施来降低轧制压力，具体措施有：

(1) 合理地选择变形温度和变形速度。同一种金属在不同的变形温度下，变形抗力是不一样的；在相同的变形温度下，变形速度对变形抗力的影响也是不一样的。因此必须根据具体情况选择合理的变形温度-变形速度制度。

(2) 选择最有利的变形方式。在加工过程中，应尽量选择应力状态为异号的变形方式。

(3) 采用良好的润滑。金属塑性变形时，润滑起着改善金属流动、减少摩擦、降低变形抗力的重要作用，因此在轧制过程中，应尽可能采用润滑轧制。

(4) 减小工、模具与变形金属的接触面积（直接承受变形力的面积）。由于接触面积减小，外摩擦作用降低而使单位压力减少，总变形力也减小。

(5) 采用合理的工艺措施。采取合理的工艺措施也能有效地降低变形抗力。如设计合理的工具形状，使金属具有良好的流动条件；改进操作方法，以改善变形的不均匀性；采用带张力轧制，以改变应力状态等。

1.3.4　金属的化学成分和组织状态对塑性和变形抗力的影响

1.3.4.1　化学成分的影响

在碳钢中，铁和碳是基本元素。在合金钢中，除了铁和碳外，还有合金元素，如 Si、Mn、Cr、Ni、W、Mo、V、Ti 等。此外，由于矿石、冶炼加工等方面的原因，在各类钢中还有一些杂质，如 P、S、N、H、O 等。下面先以碳钢为例，讨论化学成分的影响。这些影响在其他各类钢中也大体相似。

（1）碳。碳对钢性能的影响最大。碳能固溶到铁里，形成铁素体和奥氏体，它们都具有良好的塑性和低的强度。当含碳量增大时，超过铁的溶解能力，多余的碳和铁形成化合物 Fe_3C。它有很高的硬度，塑性几乎为零，对基体的塑性变形起阻碍作用，因而使碳钢的塑性降低，强度提高。随着含碳量的增大，渗碳体的数量也增加，塑性的降低和强度的提高也更甚。

（2）磷。一般来说，磷是钢中有害杂质。磷能溶于铁素体中，使钢的强度、硬度显著提高，塑性、韧性显著降低。当含磷量达 0.3%（质量分数）时，钢完全变脆，冲击韧性接近于零，称冷脆性。当然钢中含磷不会如此之多，但要注意，磷具有极大的偏析能力，会使钢中局部达到较高的磷含量而变脆。

钢中加入合金元素，不仅改变钢的使用性能，也会改变钢的塑性和真实应力。由于各种合金元素对钢塑性和真实应力的影响十分复杂，需要结合具体钢种根据变形条件作具体的分析，不宜作一般性概括。

1.3.4.2　组织状态的影响

金属材料的组织状态和其化学成分有密切关系，但也不是完全由化学成分所决定，它还和制造工艺（如冶炼、浇铸、锻轧、热处理）有关。组织状态的影响分下面几点说明。

（1）基体金属。基体金属是面心立方晶格（Al、Cu、γ-Fe、Ni），塑性最好；基体金属是体心立方晶格（α-Fe、Cr、W、V、Mo），塑性其次；基体金属是密排六方晶格（Mg、Zn、Cd、α-Ti），塑性较差。因为密排六方晶格只有三个滑移系，而面心立方晶格和体心立方晶格各有 12 个滑移系；而且面心立方晶格每一滑移面上的滑移方向数比体心立方晶格每一滑移面上的滑移方向数多一个，故其塑性最好。对真实应力，基体金属元素的类别，决定了原子间结合力的大小，对于各种纯金属，一般说原子间结合力大的，滑移阻力便大，真实应力也就大。

（2）单相组织和多相组织。合金元素以固溶体形式存在只是一种方式，在很多情况下形成多相组织。单相固溶体比多相组织塑性好，例如护环钢

（50Mn18Cr4）在高温冷却时，700℃左右会析出碳化物，成为多相组织，塑性降低，常要进行固溶处理。即锻后加热到1050~1100℃并保温，使碳化物固溶到奥氏体中，然后用水和空气交替冷却，使迅速通过碳化物析出的温度区间，最后单相固溶体的护环钢δ>50%。而45号钢虽然合金元素含量少得多，但因是两相组织，δ=16%，塑性比护环钢低。对真实应力来说，则单相固溶体中合金元素的含量越高，真实应力便越高。这是因为，无论是间隙固溶体（例如碳在铁中）还是置换固溶体（例如镍、铬在铁中），都会引起晶格的畸变。加入的量越多，引起的晶格畸变越严重，金属的真实应力也就越大。单相固溶体和多相组织相比，一般说真实应力较低。

（3）晶粒大小。金属和合金晶粒越细化，塑性越好，原因是晶粒越细，在同一体积内晶粒数目越多，于是在一定变形数量下，变形分散在许多晶粒内进行，变形比较均匀，这样，比起粗晶粒的材料，由于某些局部地区应力集中而出现裂纹以致断裂这一过程会发生得迟些，即在断裂前可以承受较大的变形量。同样，金属和合金晶粒越细化，同一体积内晶界就越多，由于室温时晶界强度高于晶内，所以金属和合金的真实应力就高。但在高温时，由于能发生晶界黏性流动，细晶粒的材料反而真实应力较低。

1.3.4.3 变形温度的影响

变形温度对金属和合金的塑性和变形抗力，有着重要影响。就大多数金属和合金来说，总的趋势是：随着温度升高，塑性增加，真实应力降低。但在升温过程中，在某些温度区间，某些合金的塑性会降低，真实应力会提高。由于金属和合金的种类繁多，很难用一种统一的规律，来概括各种材料在不同温度下的塑性和真实应力的变化情况。下面举几个例子来说明。

图1-24表明了碳钢延伸率δ和强度极限σ_b随温度变化的情形。在大约−100℃时，钢的塑性几乎完全消失，因为是在钢的脆性转变温度以下。从室温开始，随着温度的上升，δ有些增加，σ_b有些下降。大约200~350℃温度范围内发生相反的现象，δ明显下降，σ_b明显上升，这个温度范围一般称为蓝脆区。这时钢的性能变坏，易于脆断，断口呈蓝色。其原因说法不一，一般认为是由于氮化物、氧化物以沉淀形式在晶界、滑移面上析出所致。随后δ又继续增加，σ_b继续降低，直至大约800~950℃范围，又一次出现相反的现象，即塑性稍有下降，强度稍有上升，这个温度范围称为热脆区。

图1-25是高速钢的强度极限σ_b和延伸率δ随温度变化的曲线。高速钢在900℃以下σ_b很高，塑性很低；从珠光体向奥氏体转变的温度约为800℃，此时为塑性下降区。900℃以上，δ上升，σ_b也迅速下降。约1300℃是高速钢奥氏体共晶组织的熔点，高速钢δ急剧下降。

图 1-26 是黄铜 H68 强度极限 σ_b 和塑性 δ、ψ 随温度变化的曲线。随温度的上升，σ_b 一直下降；δ、ψ 开始也下降，约在 300~500℃ 范围内降至最低，此区为 H68 的中温脆区。在 690~330℃ 范围内 H68 的塑性最好。

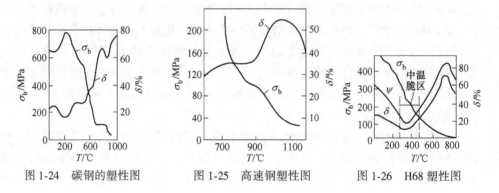

图 1-24 碳钢的塑性图   图 1-25 高速钢塑性图   图 1-26 H68 塑性图

1.3.4.4 变形速度的影响

A 热效应和温度效应

为了讨论变形速度对塑性和真实应力的影响，先要讨论一下热效应问题。塑性变形时物体所吸收的能量，将转化为弹性变形位能和塑性变形热能。这种塑性变形过程中变形能转化为热能的现象，称为热效应。

塑性变形热能 A_m 与变形体所吸收的总能量 A 之比，称为排热率，计算公式为 $\eta = A_m/A$。

根据有关资料介绍，在室温下塑性压缩的情况下，镁、铝、铜、铁等金属的排热率 $\eta = 0.85~0.9$，上述金属的合金 $\eta = 0.75~0.85$。可见 η 值十分可观。

B 变形速度的影响

变形速度对金属塑性和真实应力的影响是十分复杂的。

在热变形条件下，变形进度大时，还可能由于没有足够的时间进行回复和再结晶，使金属的真实应力提高，塑性降低。这对于那些再结晶温度高、再结晶速度慢的高合金钢，尤为明显。

然而，变形速度大，有时由于温度效应显著，使金属温度升高，从而提高塑性，降低真实应力。这种现象在冷变形条件下比热变形时显著，因冷变形时温度效应强。但是某些材料（例如莱氏体高合金钢），会因变形速度大引起升温，进入高温脆区，反而使塑性降低。

此外，变形速度还可能通过改变摩擦系数，而对金属的塑性和变形抗力产生一定的影响。

所以，随着变形速度的增大，既有使塑性降低和真实应力提高的可能，有时也有使塑性提高和真实应力降低的可能；而且对于不同的金属和合金，在不同的变形温度下，变形速度的影响也不相同。下面对变形速度的影响，从一般情况出发，加以概括和分析。

随变形速度的增大，金属和合金的真实应力（或强度极限）提高。但提高的程度，与变形温度有密切关系。冷变形时，变形速度的增大仅使真实应力有所增加或基本不变，而在热变形时，变形速度的增加会引起真实应力的明显增大。图 1-27 表示在不同温度下，变形速度对低碳钢强度极限的影响。变形速度对真实应力的最大影响，则是在不完全的热变形区与热变形区的过渡温度区间内。

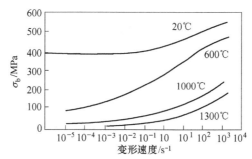

图 1-27　不同温度下变形速度对低碳钢强度极限的影响

随变形速度提高，塑性变化的一般趋势如图 1-28 所示。当变形速度不大时（图中 ab 段），增加变形速度使塑性降低。这是由于变形速度增加所引起的塑性降低，大于温度效应引起的塑性增加。当变形速度较大时（图中 bc 段），由于温度效应显著，使塑性基本上不再随变形速度的增加而降低。当变形速度很大时（图中 cd 段），则由于温度效应的显著作用，造成的塑性上升超过了变形硬化造成的塑性下降，使塑性回升。冷变形和热变形时，该曲线各阶段的进程和变化的程度各不相同。冷变形时，随着变形速度的增加，塑性略有下降，以后由于温度效应的作用加强，塑性可能会上升。热变形时，随着变形速度的增加，通常塑性有较显著的降低，以后由于温度效应增强而使塑性稍提高；但当温度效应很大，以致使变形温度由塑性区进入高温脆区，则金属和合金的塑性又急剧下降（如图中 de 段）。就材料来说，化学成分越复杂，含量越多，再结晶速度就越低，故增大变形速度会使塑性降低。此外，变形速度对锻压工艺也有广泛的影响。提高变形速度，有下列影响：

（1）降低摩擦系数，从而降低变形抗力，改善变形的不均匀性，提高工件质量。

（2）减少热成形时的热量散失，从而减少毛坯温度的下降和温度分布的不均匀性，这对工件形状复杂（如具有薄壁等）或材料的锻造温度范围较狭窄的情况，是有利的。

（3）提高变形速度，会由于惯性作用，使复杂工件易于成型，例如锤上模锻时上模型腔容易充填。

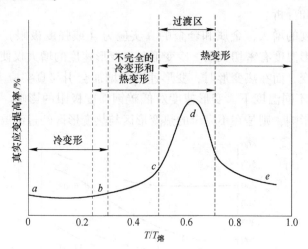

图 1-28　在不同温度范围内变形速度对真实应力提高率的影响

2　轧制过程中的摩擦与润滑

金属塑性加工是在工具与工件相接触的条件下进行的，这时必然产生阻止金属流动的摩擦力，这种发生在工件和工具接触面间，阻碍金属流动的摩擦，称外摩擦。由于摩擦的作用，工具产生磨损，工件被擦伤；金属表面与心部受到不同的综合应力，导致金属产生不均匀变形；严重时使工件出现裂纹，还要定期更换工具。因此，塑性加工中，须加以润滑。

润滑技术的开发能促进金属塑性加工的发展。压力加工新技术新材料新工艺的出现，必将要求人们解决新的润滑问题。

2.1　金属塑性加工时摩擦的特点及作用

2.1.1　塑性成型时摩擦的特点

塑性成型中的摩擦与机械传动中的摩擦相比，有下列特点：

（1）在高压下产生的摩擦。塑性成型时接触表面上的单位压力很大，一般热加工时面压力为 100~150MPa，冷加工时可高达 500~2500MPa。但是，机器轴承中，接触面压通常只有 20~50MPa，如此高的压力使润滑剂难以带入或易从变形区挤出，使润滑困难及润滑方法特殊。

（2）较高温度下的摩擦。塑性加工时界面温度条件很恶劣。对于热加工，根据金属不同，温度在数百度至一千多度之间，对于冷加工，则由于变形热效应、表面摩擦热，温度可达到颇高的程度。高温下的金属材料，除了内部组织和性能变化外，金属表面要发生氧化，给摩擦润滑带来很大影响。

（3）伴随着塑性变形而产生的摩擦。在塑性变形过程中由于高压下变形，会不断增加新的接触表面，使工具与金属之间的接触条件不断改变。接触面上各处的塑性流动情况不同，有的滑动、有的黏着、有的快、有的慢，因而在接触面上各点的摩擦也不一样。

（4）摩擦副（金属与工具）的性质相差大，一般工具都硬度较高，且要求在使用时不产生塑性变形；而金属不但比工具柔软得多，且希望有较大的塑性变形。二者的性质与作用差异如此之大，因而在变形时摩擦情况也很特殊。

2.1.2　外摩擦在压力加工中的作用

塑性加工中的外摩擦，大多数情况是有害的，但在某些情况下，也可为其所用。

（1）改变物体应力状态，使变形力和能耗增加。以平锤锻造圆柱体试样为例（见图 2-1），当无摩擦时，为单向压应力状态，即 $\sigma_3 = \sigma_s$，而有摩擦时，则呈现三向应力状态，即 $\sigma_3 = \beta\sigma_s + \sigma_1$。$\sigma_3$ 为主变形力，σ_1 为摩擦力引起的。若接触面间摩擦越大，则 σ_1 越大，即静水压力越大，所需变形力也随之增大，从而消耗的变形功增加。一般情况下，摩擦的加大可使负荷增加 30%。

（2）引起工件变形与应力分布不均匀。塑性成型时，因接触摩擦的作用使金属质点的流动受到阻碍，此种阻力在接触面的中部特别强，边缘部分的作用较弱，这将引起金属的不均匀变形。如图 2-1 中平塑压圆柱体试样时，接触面受摩擦影响大，远离接触面处受摩擦影响小，最后工件变为鼓形。此外，外摩擦使接触面单位压力分布不均匀，由边缘至中心压力逐渐升高。变形和应力的不均匀，直接影响制品的性能，降低生产成品率。

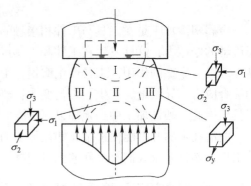

图 2-1　塑压时摩擦力对应力及
变形分布的影响

（3）恶化工件表面质量，加速模具磨损，降低工具寿命。塑性成型时接触面间的相对滑动会加速工具磨损，摩擦热更增加工具磨损、变形与应力的不均匀也会加速工具磨损。此外，金属黏结工具的现象，不仅缩短了工具寿命，增加了生产成本，而且也降低制品的表面质量与尺寸精度。

近年来，在深入研究接触摩擦规律，寻找有效润滑剂和润滑方法来减少摩擦有害影响的同时，积极开展了有效利用摩擦的研究。即通过强制改变和控制工具与变形金属接触滑移运动的特点，使摩擦应力能促进金属的变形发展。作为例子，下面介绍一种有效利用摩擦的方法。

Conform 连续挤压法的基本原理如图 2-2 所示。

当从挤压型腔的入口端连续喂入挤压坯料时，由于它的三面是向前运动的可动边，在摩擦力的作用下，轮槽咬着坯料，并牵引着金属向模孔移动，当夹持长度足够长时，摩擦力的作用足以在模孔附近，产生高达 1000N/mm² 的挤压应力，和

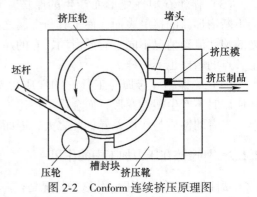

图 2-2　Conform 连续挤压原理图

高达 400~500℃的温度，使金属从模孔流出。可见 Conform 连续挤压原理上十分巧妙地利用挤压轮槽壁与坯料之间的机械摩擦作为挤压力。同时，由于摩擦热和变形热的共同作用，可使铜、铝材挤压前无需预热，直接喂入冷坯（或粉末粒）而挤压出热态制品，这比常规挤压节省 3/4 左右的热电费用。此外因设置紧凑、轻型、占地小以及坯料适应性强，材料成材率高达 90%以上。所以，目前广泛用于生产中小型铝及铝合金管、棒、线、型材生产上。

2.2 塑性加工中摩擦的分类及机理

2.2.1 外摩擦的分类及机理

塑性成型时的摩擦根据其性质可分为干摩擦、边界摩擦和流体摩擦三种。

（1）干摩擦。干摩擦是指不存任何外来介质时金属与工具的接触表面之间的摩擦。但在实际生产中，这种绝对理想的干摩擦是不存在的。因为金属塑性加工过程中，其表面多少存在氧化膜，或吸附一些气体和灰尘等其他介质。但通常说的干摩擦指的是不加润滑剂的摩擦状态。

（2）流体摩擦。当金属与工具表面之间的润滑层较厚，摩擦副在相互运动中不直接接触，完全由润滑油膜隔开（见图 2-3），摩擦发生在流体内部分子之间者称为流体摩擦。它不同于干摩擦，摩擦力的大小与接触面的表面状态无关，而是与流体的黏度、速度梯度等因素有关。因而流体摩擦的摩擦系数是很小的。塑性加工中接触面上压力和温度较高，使润滑剂常易挤出或被烧掉，所以流体摩擦只在有条件的情况下发生和作用。

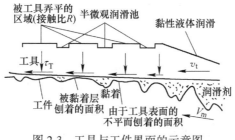

图 2-3 工具与工件界面的示意图

（3）边界摩擦。这是一种介于干摩擦与流体摩擦之间的摩擦状态，称为边界摩擦，如图 2-4 所示。

在实际生产中，由于摩擦条件比较恶劣，理想的流体润滑状态较难实现。此外，在塑性加工中，无论是工具表面，还是坯料表面，都不可能是"洁净"的表面，总是处于介质包围之中，总是有一层敷膜吸附在表面上，这种敷膜可以是自然污染膜、油性吸附形成的金属膜、物理吸附形成的边界膜，润滑剂形成的化

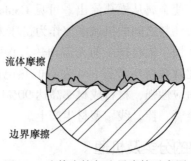

图 2-4 流体摩擦与边界摩擦示意图

学反应膜等，因此理想的干摩擦不可能存在。实际上常常是上述三种摩擦共存的混合摩擦。它既可以是半干摩擦又可以是半流体摩擦。半干摩擦是边界摩擦与干摩擦的混合状态。当接触面间存在少量的润滑剂或其他介质时，就会出现这种摩擦。半流体摩擦是流体摩擦与边界摩擦的混合状态。当接触表面间有一层润滑剂，在变形中个别部位会发生相互接触的干摩擦。

2.2.2 塑性加工时接触表面摩擦力的计算

根据以上观点，在计算金属塑性加工时的摩擦力时，分下列三种情况考虑。

（1）库仑摩擦条件。这时不考虑接触面上的黏合现象（即全滑动），认为摩擦符合库仑定律。其内容如下：

1）摩擦力与作用于摩擦表面的垂直压力成正比例，与摩擦表面的大小无关。

2）摩擦力与滑动速度的大小无关。

3）静摩擦系数大于动摩擦系数。

其数学表达式为：

$$F = \mu N \tag{2-1}$$

或

$$\tau = \mu \sigma_N \tag{2-2}$$

式中，F 为摩擦力；μ 为外摩擦系数；N 为垂直于接触面正压力；σ_N 为接触面上的正应力；τ 为接触面上的摩擦切应力。

由于摩擦系数为常数（由实验确定），故又称为摩擦系数定律。对于像拉拔及其他润滑效果较好的加工过程，此定律较适用。

（2）最大摩擦条件。当接触表面没有相对滑动，完全处于黏合状态时，单位摩擦力 τ 等于变形金属流动时的临界切应力 k，即

$$\tau = k \tag{2-3}$$

根据塑性条件，在轴对称情况下，$k = 0.5\sigma_T$，在平面变形条件下，$k = 0.577\sigma_T$。式中，σ_T 为该变形温度或变形速度条件下材料的真实应力，在热变形时，常采用最大摩擦力条件。

（3）摩擦力不变条件。认为接触面间的摩擦力，不随正压力大小而变。其单位摩擦力 τ 是常数，即常摩擦力定律，其表达式为：

$$\tau = m \cdot k \tag{2-4}$$

式中，m 为摩擦因子，取值为 $0 \sim 1.0$。

当 $m = 1.0$ 时，两个摩擦条件是一致的。对于面压较高的挤压、变形量大的镦粗、模锻以及润滑较困难的热轧等变形过程中，由于金属的剪切流动主要出现在次表层内，$\tau = \tau_s$，故摩擦应力与相应条件下变形金属的性能有关。

2.3 摩擦系数及其影响因素

摩擦系数随金属性质、工艺条件、表面状态、单位压力及所采用润滑剂的种类与性能等而不同。其主要影响因素有金属的种类和化学成分、工具材料及其表面状态、接触面上的单位压力、变形温度、变形速度以及润滑剂。

2.3.1 金属的种类和化学成分

摩擦系数随着不同的金属、不同的化学成分而异。由于金属表面的硬度、强度、吸附性、扩散能力、导热性、氧化速度、氧化膜的性质以及金属间的相互结合力等都与化学成分有关，因此不同种类的金属，摩擦系数不同。例如，用光洁的钢压头在常温下对不同材料进行压缩时测得摩擦系数，软钢为 0.17、铝为 0.18、α 黄铜为 0.10、电解铜为 0.17，即使同种材料，化学成分变化时，摩擦系数也不同。如钢中的碳含量增加时，摩擦系数会减小，如图 2-5 所示。一般说，随着合金元素的增加，摩擦系数下降。

黏附性较强的金属通常具有较大的摩擦系数，如铅、铝、锌等。材料的硬度、强度越高，摩擦系数就越小。因而凡是能提高材料硬度、强度的化学成分都可使摩擦系数减小。

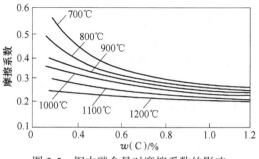

图 2-5 钢中碳含量对摩擦系数的影响

2.3.2 工具材料及其表面状态

工具选用铸铁材料时的摩擦系数，比选用钢时低 15% ~ 20%，而淬火钢的摩擦系数与铸铁的摩擦系数相近。硬质合金轧辊的摩擦系数较合金钢轧辊摩擦系数可降低 10% ~ 20%，而金属陶瓷轧辊的摩擦系数比硬质合金辊也同样可降低 10% ~ 20%。

工具的表面状态视工具表面的精度及机加工方法的不同，摩擦系数可能在 0.05 ~ 0.5 范围内变化。一般来说，工具表面光洁度越高，摩擦系数越小。但如果两个接触面光洁度都非常高，由于分子吸附作用增强，反使摩擦系数增大。

2.3.3　接触面上的单位压力

单位压力较小时，表面分子吸附作用不明显，摩擦系数与正压力无关，摩擦系数可认为是常数。当单位压力增加到一定数值后，润滑剂被挤掉或表面膜破坏，这不但增加了真实接触面积，而且使分子吸附作用增强，从而使摩擦系数随压力增加而增加，但增加到一定程度后趋于稳定，如图 2-6 所示。

2.3.4　变形温度

变形温度对摩擦系数的影响很复杂。因为温度变化时，材料的温度、硬度及接触面上的氧化质的性能都会发生变化，可能产生两个相反的结

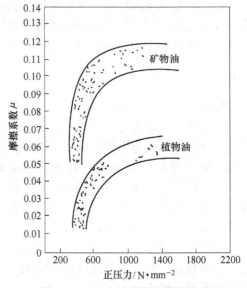

图 2-6　正压力对摩擦系数的影响

果：一方面随着温度的增加，可加剧表面的氧化而增加摩擦系数；另一方面，随着温度的提高，被变形金属的强度降低，单位压力也降低，这又导致摩擦系数的减小。所以，变形温度是影响摩擦系数变化因素中，最积极、最活泼的一个，很难一概而论。此外还可出现其他情况，如温度升高，润滑效果可能发生变化；温度高达某值后，表面氧化物可能熔化而从固相变为液相，致使摩擦系数降低。但是，根据大量实验资料与生产实际观察，认为开始时摩擦系数随温度升高而增加，达到最大值以后又随温度升高而降低，如图 2-7 与图 2-8 所示。这是因为温度较低时，金属的硬度大，氧化膜薄，摩擦系数小。随着温度升高，金属硬度降低，氧化膜增厚，表面吸附力，原子扩散能力加强；同时，高温使润滑剂性能变坏，所以摩擦系数增大。当温度继续升高，由于氧化质软化和脱落，氧化质在接触表面间起润滑剂的作用，摩擦系数反而减小。

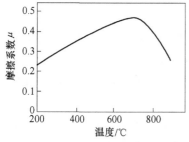

图 2-7　温度对钢的摩擦系数的影响

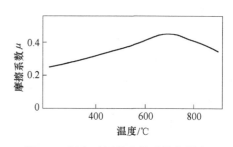

图 2-8　温度对铜的摩擦系数的影响

表 2-1 给出了不同金属变形时摩擦系数与温度的关系。

表 2-1　不同金属变形时摩擦系数与温度的关系

金属	ε/%	温度/℃																
		20	200	250	300	350	400	450	500	550	600	650	700	750	800	850	900	950
铝	30	0.15	0.25	0.28	0.31	0.34	0.37	0.39	0.42	0.45	0.48	—	—	—	—	—	—	—
黄铜 95/5	30	0.27	0.35	0.40	—	—	—	—	0.44	—	—	—	—	—	—	0.40	0.33	0.24
90/10	30	0.22	0.28	0.37	—	—	0.40	—	—	—	—	—	0.44	0.48	0.52	0.56	0.47	0.40
85/15	30	0.21	0.32	0.39	0.42	—	0.44	—	—	—	—	0.48	0.52	0.55	—	0.57	—	—
80/20	30	0.19	0.32	0.42	—	0.48	0.48	—	—	—	—	0.50	0.53	0.55	—	0.57	—	—
70/30	30	0.17	0.28	—	—	—	0.40	—	—	—	0.42	0.48	0.53	0.55	—	0.57	—	—
60/40	30	0.18	0.40	—	—	—	0.42	—	—	—	—	0.48	0.53	0.55	—	0.57	—	—
铜	50	0.30	0.37	0.40	—	—	0.42	—	—	—	—	—	0.39	0.34	0.30	0.26	0.22	0.20
铅	50	0.20	0.28	0.38	0.54	—	—	—	—	—	—	—	—	—	—	—	—	—
镁	50	—	0.39	0.42	0.47	0.52	0.57	0.52	0.46	0.37	—	—	—	—	—	—	—	—
镍	50	0.5	0.32	0.33	0.34	0.36	0.37	0.38	0.39	0.40	0.41	0.42	0.43	0.44	0.44	0.45	0.45	0.46
软钢	50	0.16	0.21	—	0.29	—	0.32	0.39	0.45	0.54	—	0.54	0.54	0.49	0.46	0.41	—	—
不锈钢	50	0.32	—	—	—	—	0.42	—	—	—	0.44	0.48	0.54	0.54	—	0.57	—	—
锌	50	0.23	0.32	0.53	—	0.57	—	—	—	—	—	—	—	—	—	—	—	—
钛	50	—	—	—	—	—	—	—	—	—	0.57	—	—	—	—	—	—	—
钛①	50	—	—	—	0.18	—	0.19	—	—	0.20	0.21	0.22	0.23	0.25	0.28	0.34	0.48	0.57
钛②	50	—	—	—	0.15	—	—	—	—	—	—	—	0.18	0.20	0.26	0.37	0.52	0.57

①石墨润滑剂；②二硫化钼润滑剂。

2.3.5 变形速度

许多实验结果表明，随着变形速度增加，摩擦系数下降，例如用粗磨锤头压缩硬铝试验提出：400℃静压缩 $\mu = 0.32$，动压缩时 $\mu = 0.22$，在450℃时相应为0.38及0.22。实验也测得，当轧制速度由0增加到5m/s时，摩擦系数降低一半。

变形速度增加引起摩擦系数下降的原因，与摩擦状态有关。在干摩擦时，变形速度增加，表面凹凸不平部分来不及相互咬合，表现出摩擦系数的下降。在边界润滑条件下，由于变形速度增加，油膜厚度增大，导致摩擦系数下降。但是，变形速度与变形温度密切相关，并影响润滑剂的拽入效果。因此，实际生产中，随着条件的不同，变形速度对摩擦系数的影响也很复杂。有时会得到相反的结果。

2.3.6 润滑剂

压力加工中采用润滑剂能起到防黏减摩以及减少工模具磨损的作用，而不同润滑剂所起的效果不同。因此，正确选用润滑剂，可显著降低摩擦系数。常用金属及合金在不同加工条件下的摩擦系数可查有关加工手册（或实际测量）。

以下介绍在不同塑性加工条件下摩擦系数的一些数据，可供使用时参考。

（1）热锻时的摩擦系数，见表2-2。

（2）磷化处理后冷锻时的摩擦系数，见表2-3。

（3）拉伸时的摩擦系数，见表2-4。

（4）热挤压时的摩擦系数，钢热挤压（玻璃润滑）时，$\mu = 0.025 \sim 0.050$。其他金属热挤压摩擦系数，见表2-5。

表 2-2 热锻时的摩擦系数

材　料	坯料温度 /℃	不同润滑剂的 μ 值			
		无润滑	炭末	机油石墨	
45 钢	1000	0.37	0.18	0.29	
	1200	0.43	0.25	0.31	
			汽缸油 +10%石墨	胶体 石墨	精制石蜡 +10%石墨	精制 石蜡
锻铝	400	0.48	0.09	0.10	0.09	0.16

表 2-3 磷化处理后冷锻时的摩擦系数

压力/MPa	μ 值			
	无磷化膜	磷酸锌	磷酸锰	磷酸镉
7	0.108	0.013	0.085	0.034
35	0.068	0.032	0.070	0.069
70	0.057	0.043	0.057	0.055
140	0.07	0.043	0.066	0.055

表 2-4 拉伸时的摩擦系数

材料	μ 值		
	无润滑	矿物油	油+石墨
08 钢	0.20~0.25	0.15	0.08~0.10
12Cr18Ni9Ti	0.30~0.35	0.25	0.15
铝	0.25		0.10
杜拉铝	0.22	0.16	0.08~0.10

表 2-5 热挤压时的摩擦系数

润滑	μ 值					
	铜	黄铜	青铜	铝	铝合金	镁合金
无润滑	0.25	0.18~0.27	0.27~0.29	0.28	0.35	0.28
石墨+油	比无润滑时的相应数值降低 0.030~0.035					

2.4 塑性加工的工艺润滑

2.4.1 工艺润滑的目的及润滑机理

2.4.1.1 润滑的目的

为减少或消除塑性加工中外摩擦的不利影响，往往在工模具与变形金属的接触界面上施加润滑剂，进行工艺润滑。其主要目的是：

（1）降低金属变形时的能耗。当使用有效润滑剂时，可大大减少或消除工模具与变形金属的直接接触，使接触表面间的相对滑动剪切过程在润滑层内部进行，从而大大降低摩擦力及变形功耗。如轧制板带材时，采用适当的润滑剂可降低轧制压力 10%~15%，节约主电机电耗 8%~20%。拉拔铜线时，拉拔力可降低 10%~20%。

（2）提高制品质量。由于外摩擦导致制品表面黏结、压入、划伤及尺寸超差等缺陷或废品。此外，还由于摩擦阻力对金属内外质点塑性流动阻碍作用的显著差异，致使各部分剪切变形程度（晶粒组织的破碎）明显不同。因此，采用有效的润滑方法，利用润滑剂的减摩防黏作用，有利于提高制品的表面和内在质量。

（3）减少工模具磨损，延长工具使用寿命。润滑还能降低面压，隔热与冷却等作用，从而使工模具磨损减少，使用寿命延长。

2.4.1.2 润滑机理

A 流体力学原理

根据流体力学原理，当固体表面发生相对运动时，与其连接的液体层被带动，并以相同的速度运动，即液体与固体层之间不产生滑动。在拉拔、轧制情况下，坯料在进入工具入口的间隙，沿着坯料前进方向逐渐变窄。这时，存在于空隙中的润滑剂就会被拖带进去，沿前进方向压力逐渐增高，如图 2-9 所示。

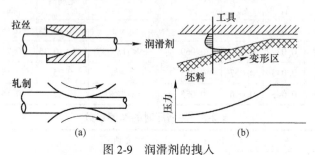

图 2-9　润滑剂的拽入

(a) 金属塑形变形加工过程；(b) 变形区压力与润滑剂厚度

当润滑剂压力增加到工具与坯料间的接触压力时，润滑剂就进入接触面间。变形速度、润滑剂的黏度越大，工具与坯料的夹角越小，则润滑剂压力上升得越急剧，接触面间的润滑膜也越厚。此时，所发生的摩擦力在本质上是一种润滑剂分子间的吸引力，这种吸引力阻碍润滑剂质点之间的相互移动。这种阻碍称为相对流动阻力。对液体而言，黏性即意味着内摩擦。液体层与层之间的剪切抗力（液体的内摩擦力），由牛顿定理确定：

$$T = \eta \frac{\mathrm{d}u}{\mathrm{d}y} F \tag{2-5}$$

式中，$\frac{\mathrm{d}u}{\mathrm{d}y}$ 为垂直于运动方向的内剪切速度梯度；F 为剪切面积（即滑移表面的面积）。

通常取沿液体厚度上的速度梯度为常数或取其平均值，这样：

$$\frac{\mathrm{d}u}{\mathrm{d}y} = \frac{\Delta V}{\varepsilon} \quad 及 \quad T = \eta \cdot \frac{\Delta V}{\varepsilon} F \tag{2-6}$$

因此，液体的单位摩擦力：

$$t = \eta \cdot \frac{\Delta V}{\varepsilon} \tag{2-7}$$

式中，η 为动力黏度，$Pa \cdot s$；ε 为液层厚度；ΔV 为液体层的变化体积。

油的黏度与温度及压力有关。随温度的增加，黏度急剧下降，随压力的增加，油的黏度升高。分析表明，矿物油的黏度受压力影响比动植物油更为明显。

B　吸附机制

金属塑性加工用润滑剂从本质上可分为不含有表面活性物质（如各类矿物油）和含有表面活性物质（如动、植物油和添加剂等）两大类。这些润滑剂中的极性或非极性分子对金属表面都具有吸附能力，并且通过吸附作用在金属表面形成油膜。

矿物油属非极性物质，当它与金属表面接触时，这种非极性分子与金属之间靠瞬时偶极而相互吸引，于是在金属表面形成第一层分子吸附膜，如图 2-10 所示。而后由于分子间的吸引形成多层分子组成的润滑油膜，将金属与工具隔开，呈现为液体摩擦。然而，由于瞬时偶极的极性很弱，当承受较大压力和高温时，这种矿物油所形成的油膜将被破坏而挤走，故润滑效果差。

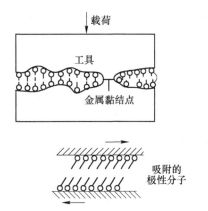

图 2-10　单分子层吸附膜的润滑作用模型

2.4.2　润滑剂的选择

2.4.2.1　塑性成型中对润滑剂的要求

在选择及配制润滑剂时，必符合下列要求：

（1）润滑剂应有良好的耐压性能，在高压作用下，润滑膜仍能吸附在接触表面上，保持良好的润滑状态。

（2）润滑剂应有良好耐高温性能，在热加工时，润滑剂应不分解，不变质。

（3）润滑剂有冷却模具的作用。

（4）润滑剂不应对金属和模具有腐蚀作用。

（5）润滑剂应对人体无毒，不污染环境。

（6）润滑剂要求使用、清理方便、来源丰富、价格便宜等。

2.4.2.2　常用的润滑剂

在金属加工中使用的润滑剂，按其形态可分为液体润滑剂、固体润滑剂、液-固润滑剂以及熔体润滑剂。其中，液体润滑剂使用最广，通常可分为纯粹型油（矿物油或动植物油）和水溶型两类。

（1）液体润滑剂，包括矿物油、动植物油、乳液等。

1）矿物油系指机油、汽缸油、锭子油、齿轮油等。矿物油的分子组成中只含有碳、氢两种元素，由非极性的烃类组成，当它与金属接触时，只发生非极性分子与金属表面的物理吸附作用，不发生任何化学反应，润滑性能较差，在压力加工中较少直接用作润滑剂。通常只作为配制润滑剂的基础油，再加上各种添加剂，或是与固体润滑剂混合，构成液-固混合润滑剂。

2）动植物油有牛油、猪油、豆油、蓖麻油、棉籽油、棕榈油等。动植物油脂内所含的脂肪酸主要有硬脂酸（$C_{17}H_{35}COOH$）、棕榈酸（软脂酸 $C_{15}H_{31}COOH$）及油酸（$C_{17}H_{33}COOH$）这三种。它们都含有极性根（如 COOH），属于极性物质。这些有机化合物的分子中，一端为非极性的烃基，另一端则为极性基，能在金属表面上作定向排列而形成润油膜。这就使润滑剂在金属上的吸附力加强，故在塑性加工中不易被挤掉。

3）乳液是一种可溶性矿物油与水均匀混合的两相系。在一般情况下，油和水难以混合，为使油能以微小液珠悬浮于水中，构成稳定乳状液，必须添加乳化剂，使油水间产生乳化作用。另外，为提高乳液中矿物油的润滑性，也需添加油性添加剂。

（2）固体润滑剂，包括石墨、二硫化钼、肥皂等。由于金属塑性加工中的摩擦本质是表层金属的剪切流动过程，因此从理论上讲，凡剪切强度比被加工金属流动剪切强度小的固体物质都可作为塑性加工中的固体润滑剂，如冷锻钢坯端面放的紫铜薄片，铝合金热轧时包纯铝薄片，拉拔高强度丝时表面镀铜以及拉拔中使用的石蜡、蜂蜡、脂肪酸皂粉等均属固体润滑剂。然而，使用最多的还是石墨和二硫化钼。

1）石墨。石墨具有良好的导热性和热稳定性，其摩擦系数随正压力的增加而有所增大，但与相对滑动速度几乎没有关系。此外，石墨吸附气体后，摩擦系数会减小，因而在真空条件下的润滑性能不如空气中好。石墨的摩擦系数一般在 0.05~0.19 的范围内。

2）二硫化钼。二硫化钼也属于六方晶系结构，其润滑原理与石墨相同。但它在真空中的摩擦系数比在大气中小，所以更适合作为真空中的润滑剂。二硫化钼的摩擦系数一般为 0.12~0.15。

在大气中，石墨温度超过 500℃ 开始氧化，二硫化钼则在 350℃ 时氧化，为了防止石墨、二硫化钼氧化，常在石墨、二硫化钼中加入三氧化二硼，以提高使用温度。石墨、二硫化钼是目前塑性加工中常用的高温固体润滑剂，使用时可制成水剂或油剂。

3）肥皂类。常用的肥皂和蜡类润滑剂有硬脂肪酸钠、硬脂肪酸锌以及一般肥皂等。硬脂酸锌用于冷挤压铝、铝合金；硬脂酸钠用来拉拔有色金属等加工的润滑剂，也用于钢坯磷化处理后的皂化处理工序。

用于金属塑性加工的固体润滑剂，除上述三种外，其他还有重金属硫化物、特种氧化物、某些矿物（如云母、滑石）和塑料（如聚四氟乙烯）等。固体润滑剂的使用状态可以是粉末状的，但多数是制成糊状剂或悬浮液。

此外，目前新型的固体润滑剂还有氮化硼（BN）和二硒化铌（$NbSe_2$）等。氮化硼的晶体结构与石墨相似，有"白石墨"之称。它不仅绝缘性能好，使用温度高（可高达 900℃），而且在一般温度下，氮化硼不与任何金属起反应，也几乎不受一切化学药品的侵蚀，BN可认为是目前唯一的高温润滑材料。

（3）液-固型润滑剂。它是把固体润滑粉末悬浮在润滑油或工作油中，构成固-液两相分散系的悬浮液。如拉钨、钼丝时，采用的石墨乳液及热挤压时，所采用的二硫化钼（或石墨）油剂（或水剂），均属此类润滑剂。它是把纯度较高，粒度小于 $2\sim6\mu m$ 的二硫化钼（或石墨）细粉加入油（或水）中，其质量约占 $25\%\sim30\%$，使用时再按实际需要用润滑油（或水）稀释，一般质量分数控制在 3% 以内。为减少固体润滑粉末的沉淀，可加入少量表面活性物质，以减少液-固界面的张力，提高它们之间的润滑性，从而起到分散剂的作用。

（4）熔体润滑剂。这是出现较晚的一种润滑剂。在加工某些高温强度大，工具表面黏着性强，而且易于受空气中氧、氮等气体污染的钨、钼、钽、铌、钛、锆等金属及合金在热加工（热锻及挤压）时，常采用玻璃、沥青或石蜡等作润滑剂。其实质是，当玻璃与高温坯料接触时，它可以在工具与坯料接触面间熔成液体薄膜，达到隔开两接触表面的目的。所以玻璃既是固体润滑剂，又是熔体润滑剂。

3 金属轧制过程分析

3.1 轧制的基本问题

3.1.1 简单轧制条件

3.1.1.1 轧制过程的基本概念

轧制又称压延，是金属压力加工中应用最为广泛的一种生产形式。轧制过程就是指金属被旋转轧辊的摩擦力带入轧辊之间受压缩而产生塑性变形，从而获得一定尺寸、形状和性能的金属产品的过程。

根据轧制时轧辊旋转与轧件运动等关系，可以将轧制分成纵轧、横轧和斜轧，如图 3-1 所示。纵轧是指工作轧辊的轴线平行、轧辊旋转方向相反。轧件的运动方向与轧辊的轴线垂直。横轧是指工作轧辊的轴线平行、轧辊旋转方向相同、轧件的运动方向与轧辊的轴线平行，轧件与轧辊同步旋转。斜轧是指工作轧辊的轴线是异面直线、轧辊旋转方向相同、轧件的运动方向与轧辊的轴线成一定角度。

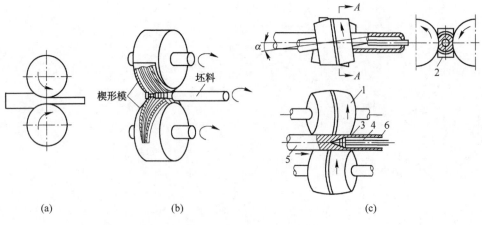

图 3-1 三种典型的轧制过程

(a) 纵轧；(b) 横轧；(c) 斜轧

1—轧辊；2—导盘；3—顶头；4—顶杆；5—圆坯；6—钢管

3.1.1.2　简单轧制与非简单轧制

在实际生产中，轧制变形是比较复杂的。为了便于研究，有必要对复杂的轧制问题进行简化，即提出比较理想的简单轧制过程。通常把具有下列条件的轧制过程称为简单轧制过程。

（1）两个轧辊都被电动机带动，且两轧辊直径相同，转速相等。轧辊辊身为平辊，轧辊为刚性。

（2）两个轧辊的轴线平行，且在同一个垂直平面中。

（3）被轧制金属性质均匀一致，即变形温度一致、变形抗力一致，且变形均匀。

（4）被轧制金属只受到来自轧辊的作用力，即不存在前后拉力或推力，且被轧制金属做匀速运动。

简单轧制过程是一个理想化的轧制过程模型。为了简化轧制理论的研究，可以先从简单轧制过程出发，然后在此基础上再对非简单轧制过程的问题进行探讨。

3.1.2　变形区主要参数的确定

轧制时的变形区就是指在轧制过程中，轧件连续不断地处于塑性变形的那个区域，也称为物理变形区。为研究问题方便起见，定义图 3-2 所示的简单轧制过程示意图中 ABCD 所构成的区域，在俯视图中画有剖面的梯形区域为几何变形区。近来轧制理论的发展，除了研究 ABCD 几何变形区的变形规律之外，又对几何变形区之外的区域进行了研究，因为轧件实际上不仅在 ABCD 范围内变形，其以外的范围也发生变形。一般泛指变形区均系专指几何变形区而言。

轧制变形区的主要参数有咬入角 α、变形区长度 l、变形区平均高度 $\bar{h}$ 和平均宽度 $\bar{B}$。下面分别来讨论其计算过程。

3.1.2.1　咬入角 α 与压下量 Δh

咬入角是指轧件与轧辊接触的圆弧所对应的圆心角，用 α 来表示。通过图 3-2可以得出：

$$\overline{OB} - \overline{OE} = R - \overline{OE}$$

$$\overline{OE} = R - \overline{EB}$$

$$\overline{EB} = \frac{H - h}{2} = \frac{\Delta h}{2}$$

$$\overline{OE} = R\cos\alpha$$

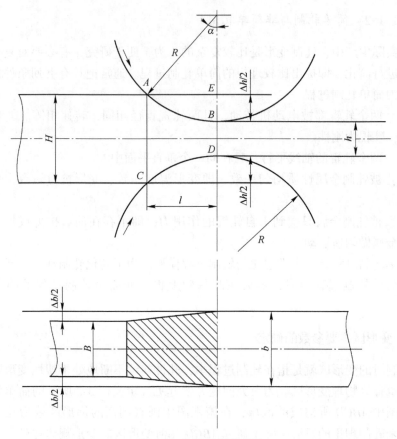

图 3-2   轧制时的变形区

由此可知：
$$\frac{\Delta h}{2} = R - R\cos\alpha$$

即
$$\Delta h = D(1 - \cos\alpha) \tag{3-1}$$

式中，H、h 分别为轧件轧制前后的高度；R 为轧辊半径；D 为轧辊直径；α 为咬入角；Δh 为压下量。

将式（3-1）进行变形整理，可得出咬入角 α 的计算公式：

$$\alpha = \arccos\left(1 - \frac{\Delta h}{D}\right) \tag{3-2}$$

在咬入角比较小的情况下，由于 $1 - \cos\alpha = 2\sin^2\dfrac{\alpha}{2} \approx 2\left(\dfrac{\alpha}{2}\right)^2 = \dfrac{\alpha^2}{2}$，由此可以得到咬入角 $\alpha(\mathrm{rad})$ 的近似计算公式：

$$\alpha = \sqrt{\frac{\Delta h}{R}} \tag{3-3}$$

将单位换算成度，则：

$$\alpha = 57.3 \sqrt{\frac{\Delta h}{R}} \tag{3-4}$$

3.1.2.2 变形区长度 l

轧件与轧辊相互接触的圆弧的水平投影长度称为变形区长度，也称为咬入弧长长度或接触弧长度，如图 3-2 中的 AB 或 CD 线段。

根据勾股定理：

$$\overline{AE}^2 = R^2 - \overline{OE}^2$$

$$\overline{OE} = R - \frac{\Delta h}{2}$$

由于 $l = \overline{AE}$，代入上式经过计算和简化，得到：

$$l = \sqrt{\left(R - \frac{\Delta h}{4}\right)\Delta h}$$

通常情况下，$R \gg \frac{\Delta h}{4}$，为了简化计算，取 $R - \frac{\Delta h}{4} \approx R$，则：

$$l = \sqrt{R \cdot \Delta h} \tag{3-5}$$

3.1.2.3 变形区平均高度和平均宽度

在简单轧制时，变形区的纵横断面可以近似的看作梯形，所以，变形区的平均高度为：

$$\overline{h} = \frac{H + h}{2} \tag{3-6}$$

变形区的平均宽度为：

$$\overline{B} = \frac{B + b}{2} \tag{3-7}$$

式中，H、h 分别为轧件轧制前和轧制后的高度；B、b 分别为轧件轧制前和轧制后的宽度。

3.1.3 变形量的表示

3.1.3.1 变形量的表示方法

轧件经过轧制后，高度、宽度和长度三个方向上的尺寸都发生了变化，分别产生了压下、宽展和延伸变形，如图 3-3 所示。变形量的大小可以用绝对变形量、相对变量以及变形系数来表示。

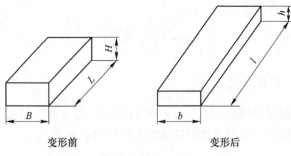

图 3-3 轧件变形前后尺寸的变化

A   绝对变形量表示方法

用轧制前后轧件绝对尺寸之差表示的变形量就称为绝对变形量。

（1）绝对压下量 Δh。绝对压下量为轧制前后轧件厚度之差，即

$$\Delta h = H - h \tag{3-8}$$

（2）绝对宽展量 Δb。绝对宽展量为轧制前后轧件宽度之差，即

$$\Delta b = b - B \tag{3-9}$$

（3）绝对延伸量 Δl。绝对延伸量为轧制前后轧件长度之差，即

$$\Delta l = l - L \tag{3-10}$$

绝对变量直观地反映出轧件长、宽、高三个方向上线尺寸的变化。用绝对变形不能正确地说明变形量的大小，但由于习惯，前两种变形量常被使用，而绝对延伸量一般情况下不使用。

B   相对变形量表示方法

用轧制前后轧件尺寸的相对变化表示的变形量称为相对变形量，相对变形量有下列三种。

（1）相对压下量，简称压下率，用 ε_1 来表示：

$$\varepsilon_1 = \frac{H - h}{H} \times 100\% = \frac{\Delta h}{H} \times 100\% \tag{3-11}$$

（2）相对宽展量用 ε_2 来表示：

$$\varepsilon_2 = \frac{b - B}{B} \times 100\% = \frac{\Delta b}{H} \times 100\% \tag{3-12}$$

（3）相对延伸率又称伸长率，用 ε_3 来表示：

$$\varepsilon_3 = \frac{l - L}{L} \times 100\% = \frac{\Delta l}{L} \times 100\% \tag{3-13}$$

前两种表示方法只能近似地反映变形的大小，但较绝对变形表示法则已进了一步。后一种方法来自移动体积的概念，故能够正确地反映变形的大小。所以相对延伸量也称真变形。

C 变形系数表示方法

用轧制前后轧件尺寸的比值表示变形程度,此比值称为变形系数。变形系数包括:

(1) 压下系数表示高度方向变形的系数,用 η 来表示:

$$\eta = H/h \tag{3-14}$$

(2) 宽展系数表示宽度方向变形的系数,用 ω 来表示:

$$\omega = b/B \tag{3-15}$$

(3) 延伸系数表示长度方向变形的系数,用 μ 来表示:

$$\mu = l/L = F_0/F_n \tag{3-16}$$

若金属在变形前后体积不变,由体积不变定律可知:

$$\eta = \omega\mu \tag{3-17}$$

变形系数能够简单而正确地反映变形的大小,因此在轧制变形方面得到了极为广泛的应用。

3.1.3.2 金属的纵横流动比

将式 (3-17) 等式两边取对数,得到:

$$\ln\omega + \ln\mu = \ln\eta$$

经整理得到:

$$\frac{\ln\omega}{\ln\eta} + \frac{\ln\mu}{\ln\eta} = 1 \tag{3-18}$$

式中,$\dfrac{\ln\omega}{\ln\eta}$ 为宽度方向上的位移体积占高度方向的位移体积的比率;$\dfrac{\ln\mu}{\ln\eta}$ 为长度方向的位移体积占高度方向位移体积的比率。

3.1.3.3 总延伸系数与道次延伸系数和轧制道次之间的关系

假设坯料的断面积为 F_0,长度为 L_0,经 n 道次轧制变形后成材。其中每道次的变形量称为道次变形量,逐道次变形量的积累量称为总变形量。

设成品断面积为 F_n,长度为 l_n,则每一道次的延伸系数为:

$$\mu_1 = \frac{l_1}{L} = \frac{F_0}{F_1}$$

$$\mu_2 = \frac{l_2}{L} = \frac{F_1}{F_2}$$

$$\vdots$$

$$\mu_n = \frac{l_n}{L} = \frac{F_{n-1}}{F_n}$$

以上各等式相乘后,得到:

$$\mu_1 \times \mu_2 \times \cdots \times \mu_n = \frac{F_0}{F_1} \times \frac{F_1}{F_2} \times \cdots \times \frac{F_{n-1}}{F_n} = \mu_\Sigma$$

式中，μ_1，μ_2，$\cdots$，μ_n 分别为各道次延伸系数；l_1，l_2，$\cdots$，l_n 分别为各道次轧件轧后的长度；F_1，F_2，$\cdots$，F_n 分别为个道次轧件轧后的轧件面积；μ_Σ 为总延伸系数。

由此可知总延伸系数与各道次延伸系数之间的关系为：

$$\mu_\Sigma = \mu_1 \times \mu_2 \times \cdots \times \mu_n \tag{3-19}$$

若轧制过程中的平均延伸系数为 $\bar{\mu}$，轧制道次为 n，可以导出 μ_Σ 与 $\bar{\mu}$ 和 n 之间的关系：

$$n = \frac{\ln\mu_\Sigma}{\ln\bar{\mu}} = \frac{\ln F_0 - \ln F_n}{\ln\bar{\mu}} \tag{3-20}$$

计算时，轧制道次 n 必须为整数。至于取奇数还是偶数，应当依据设备条件和具体工艺而定。如轧机为单机架，则一般取奇数道次；若为双机架轧机，则一般取偶数道次。

3.2 实现轧制的条件

为了便于研究轧制过程的各种规律，我们可以从最简单的轧制过程入手研究其轧制特点和轧制条件，下面讨论在简单轧制条件下实现轧制过程的咬入条件和稳定轧制条件。

3.2.1 轧制的咬入条件

依靠回转的轧辊与轧件之间的摩擦力，轧辊将轧件拖入轧辊之间的现象称为咬入。为使轧件进入轧辊之间实现塑性变形，轧辊对轧件必须有与轧制方向相同的水平作用力。因此，应该根据轧辊对轧件的作用力去分析咬入条件。

为易于确定轧辊对轧件的作用力，首先分析轧件对轧辊的作用力。

首先以 Q 力将轧件移至轧辊前，使轧件与轧辊在 A、B 两点上切实接触，如图 3-4 所示。在此 Q 力作用下，轧辊在 A、B 两点上承受轧件的径向压力 P 的作用，在 P 力作用下产生与 P 力互相垂直的摩擦力 T_0，因为轧件是阻止轧辊转动的，故摩擦力 T_0 的方向与轧辊转动方向相反，并与轧辊表面相切，如图 3-4（a）所示。

轧辊对轧件的作用力：根据牛顿力学基本定律，轧辊对轧件将产生与 P 力大小相等，方向相反的径向反作用力 N，在后者作用下，产生与轧制方向相同的切线摩擦力 T，如图 3-4（b）所示，力图将轧件咬入轧辊的辊缝中进行轧制。

轧件对轧辊的作用力 P 与 T_0 和轧辊对轧件的作用力 N 与 T 必须严格区别开，若将二者混淆起来必将导致错误的结论。

显然，与咬入条件直接有关的是轧辊对轧件的作用力，因上、下轧辊对轧件

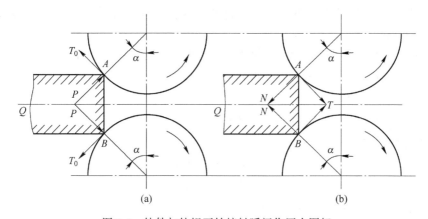

图 3-4 轧件与轧辊开始接触瞬间作用力图解
(a) 轧辊承受轧件的径向压力；(b) 轧辊对轧件产生的反作用力

的作用方式相同，所以只取一个轧辊对轧件的作用力进行分析，如图 3-5 所示。

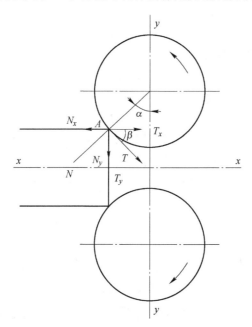

图 3-5 上轧辊对轧件作用力分解图

将作用在 A 点的径向力 N 与切向力 T 分解成垂直分力 N_y 与 T_x 和水平分力 N_x 与 T_y，考虑两个轧辊的作用，垂直分力 N_y 与 T_y 对轧件起压缩作用，使轧件产生塑性变形，而对轧件在水平方向上的运动不起作用。

N_x 与 T_x 作用在水平方向上，N_x 与轧件运动方向相反，阻止轧件进入轧辊辊缝中，而 T_x 与轧件运动方向一致，力图将轧件咬入轧辊辊缝中，由此可见，在没有附加外力作用的条件下，为实现自然咬入，必须是咬入力 T_x 大于咬入阻力 N_x 才有可能。

咬入力 T_x 与咬入阻力 N_x 之间的关系有以下3种可能的情况：

（1）若 $T_x < N_x$，不能实现自然咬入。

（2）若 $T_x = N_x$，平衡状态。

（3）若 $T_x > N_x$，可以实现自然咬入。

由几何关系可知：

$$T_x = T\cos\alpha = fN\cos\alpha$$

$$N_x = N\sin\alpha$$

当轧件可以被咬入，由 $T_x > N_x$ 可得：

$$fN\cos\alpha > N\sin\alpha$$

$$\beta > \alpha \tag{3-21}$$

由于摩擦系数 $f = \tan\beta$，通过上式可以得出3种结论：

（1）轧件可以被咬入的条件为：

$$\alpha < \beta$$

（2）咬入的临界条件是：

$$\alpha = \beta$$

（3）轧件不能咬入的条件是：

$$\alpha > \beta$$

此时可以实现自然咬入，即当摩擦角大于咬入角时才能开始自然咬入。如图 3-6 所示，当 $\alpha < \beta$ 时，轧辊对轧件的作用力 T 与 N 之合力 F 的水平分力 F_x 与轧制方向相同，则轧件可以被自然咬入，在这种条件下（即 $\alpha < \beta$）实现的咬入称为自然咬入。显然 F_x 越大，即 β 越大于 α，轧件越易被咬入轧辊间的辊缝中。

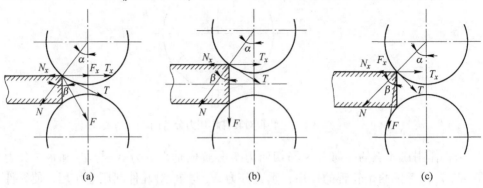

图 3-6　根据轧件所受合力情况判断能否咬入

（a）当 $\alpha < \beta$ 时轧辊对轧件作用力合力的方向；（b）当 $\alpha=\beta$ 时轧辊对轧件作用力合力的方向；

（c）当 $\alpha > \beta$ 时轧辊对轧件作用力合力的方向

3.2.2 稳定轧制条件

当轧件被轧辊咬入后开始逐渐充填辊缝，在轧件充填辊缝的过程中，轧件前端与轧辊轴心连线间的夹角 δ 不断地减小着，如图 3-7 所示，当轧件完全充满辊缝时，$\delta = 0$，即开始了稳定轧制阶段。

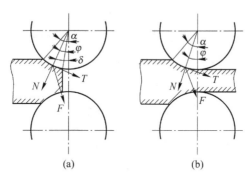

图 3-7 轧件填充辊缝过程中作用力条件的变化图解
(a) 填充辊缝过程；(b) 稳定轧制阶段

表示合力作用点的中心角 φ 在轧件充填辊缝的过程中也在不断地变化着，随着轧件逐渐充填辊缝，合力作用点内移，φ 角自 $\varphi = \alpha$ 开始逐渐减小，相应地，轧辊对轧件作用力的合力逐渐向轧制方向倾斜，向有利于咬入的方向发展。当轧件充填辊缝，即过渡到稳定轧制阶段时，合力作用点的位置即固定下来，而所对应的中心角 φ 也不再发生变化，并为最小值，即

$$\varphi = \frac{\alpha}{K_x} \tag{3-22}$$

式中，K_x 为合力作用点系数。

根据图 3-7 (b) 分析稳定轧制条件轧辊对轧件的作用力，以寻找稳定轧制条件。

由于
$$T_x > N_x$$
$$N_x = \sin\varphi$$
$$T_x = T\cos\varphi = Nf_y\cos\varphi$$
则
$$f_y > \tan\varphi$$

将 $\varphi = \dfrac{\alpha_y}{K_x}$ 代入上式，则得到稳定轧制的条件，即

$$f_y > \tan\frac{\alpha_y}{K_x} \tag{3-23}$$

或者
$$\beta_y > \tan\frac{\alpha_y}{K_x} \tag{3-24}$$

式中，f_y，β_y 分别为稳定轧制阶段的摩擦系数和摩擦角；α_y 为稳定轧制阶段的咬入角。

一般来说，达到稳定轧制阶段时，$\varphi = \dfrac{\alpha_y}{2}$，即 $K_x \approx 2$，故可以近似写成：

$$\beta_y > \frac{\alpha_y}{2}$$

由上述讨论可得到如下结论，假设由咬入阶段过渡到稳定轧制阶段的摩擦系数不变且其他条件均相同，则稳定轧制阶段的允许的咬入角比咬入阶段的咬入角可大 K_x 倍或近似地认为大 2 倍。

3.2.3 咬入阶段与稳定轧制阶段咬入条件的比较

求得的稳定轧制阶段的咬入条件与咬入阶段的咬入条件不同，为说明向稳定轧制阶段过渡时咬入条件的变化，以理论上允许的极限稳定轧制条件与极限咬入条件进行比较并分析。

已知极限咬入条件：$\qquad\qquad \alpha = \beta$

理论上允许的极限稳定轧制条件：$\alpha_y = K_x \beta_y$

由此得二者之比值为：$\qquad\qquad K = \dfrac{\alpha_y}{\alpha} = K_x \dfrac{\beta_y}{\beta}$ $\qquad\qquad$ (3-25)

或 $\qquad\qquad\qquad\qquad \alpha_y = K_x \dfrac{\beta_y}{\beta} \alpha$ $\qquad\qquad\qquad$ (3-26)

由上式看出，极限咬入条件与极限稳定轧制条件的差异取决于 K_x 与 $\dfrac{\beta_y}{\beta}$ 两个因素，即取决于合力作用点位置与摩擦系数的变化。下面分别讨论其各因素的影响。

3.2.3.1 合力作用点位置或系数 K_x 的影响

如图 3-7 所示，轧件被咬入后，随轧件前端在辊缝中前进，轧件与轧辊的接触面积增大。合力作用点向出口方向移动，由于合力作用点一定在咬入弧上，所以 K_x 恒大于 1，在轧制过程产生的宽展越大，则变形区的宽度向出口逐渐扩张，合力作用点越向出口移动，即 φ 角越小，则 K_x 值就越高。根据式（3-26），在其他条件不变的前提下，K_x 越高，则 α_y 越高，即在稳定轧制阶段允许实现较大的咬入角。

3.2.3.2 摩擦系数变化的影响

冷轧及热轧时摩擦系数变化不同，一般在冷轧时由于温度和氧化铁皮的影响甚小，可近似地取 $\dfrac{\beta_y}{\beta} \approx 1$，即从咬入过渡到稳定轧制阶段，摩擦系数近似不变。

而在热轧条件下，根据实验资料可知，此时的 $\dfrac{\beta_y}{\beta} < 1$，即从咬入过渡到稳定轧制阶段摩擦系数在降低，产生此现象的原因为：

（1）轧件端部温度较其他部分低，由于轧件端部与轧辊接触，并受冷却水作用，加之端部的散热面也比较大，所以轧件端部温度较其他部分为低，因而使咬入时的摩擦系数大于稳定轧制阶段的摩擦系数。

（2）氧化铁皮的影响。咬入时轧件与轧辊的接触和冲击，易使轧件端部的氧化铁皮脱落，露出金属表面，所以摩擦系数提高，而轧件其他部分的氧化铁皮不易脱落，因而保持较低的摩擦系数。

影响摩擦系数降低最主要的因素是轧件表面上的氧化铁皮。在实际生产中，往往因此造成在自然咬入后过渡到稳定轧制阶段发生打滑现象。

由以上分析可见，K 值变化是较复杂的，随轧制条件不同而异。在冷轧时，可近似地认为摩擦系数无变化。而由于 K_x 值较高，所以使冷轧时，K 值也较高，说明咬入条件与稳定轧制条件间的差异较大，一般是：

$$K \approx K_x \approx 2 \sim 2.4$$

所以

$$\alpha_y \approx (2 \sim 2.4)\alpha$$

在热轧时，由于温度和氧化铁皮的影响，使摩擦系数显著地降低，所以 K 值较冷轧时小，一般是：

$$K \approx 1.5 \sim 1.7$$

所以

$$\alpha_y \approx (1.5 \sim 1.7)\alpha$$

以上关系说明，在稳定轧制阶段的最大允许咬入角比开始咬入时的最大允许咬入角要大；相应地，二者允许的压下量也不同，稳定轧制阶段的最大允许的压下量比咬入时的最大允许压下量大数倍。在生产实践中有的采用"带钢压下"的技术措施，也就是利用稳定轧制阶段咬入角的潜力。

3.2.4 改善咬入条件的途径

改善咬入条件是进行顺利操作、增加压下量、提高生产率的有力措施，也是轧制生产中经常碰到的实际问题。

根据咬入条件 $\alpha \leqslant \beta$ 便可以得出：凡是能提高 β 角的一切因素和降低 α 角的一切因素都有利于咬入。下面对以上两种途径分别进行讨论。

3.2.4.1 降低 α 角

由 $\alpha = \arccos\left(1 - \dfrac{\Delta h}{D}\right)$ 可知，降低 α 角必须：

（1）增加轧辊直径 D ，当 Δh 等于常数时，轧辊直径 D 增加，α 可降低。

（2）减小压下量。

由 $\Delta h = H - h$ 可知，可通过降低轧件开始高度 H 或提高轧后的高度 h 来降低 α 以改善咬入条件。在实际生产中常见的降低 α 的方法有：

1）用钢锭的小头先送入轧辊或采用带有楔形端的钢坯进行轧制，在咬入开始时首先将钢锭的小头或楔形前端与轧辊接触，此时所对应的咬入角较小。在摩擦系数一定的条件下，易于实现自然咬入，如图 3-8 所示。此后在轧件充填辊缝和咬入条件改善的同时，压下量逐渐增大，最后压下量稳定在某一最大值，从而咬入角也相应地增加到最大值，此时已过渡到稳定轧制阶段。

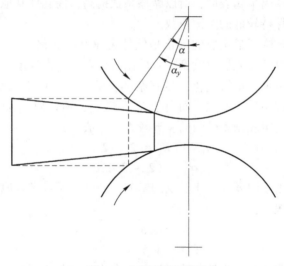

图 3-8　钢锭小头进钢

这种方法可以保证顺利地自然咬入和进行稳定轧制，并对产品质量也无不良影响，所以在实际生产中应用较为广泛。

2）强迫咬入。即用外力将轧件强制推入轧辊中，由于外力作用使轧件前端被压扁，相当于减小了前端接触角 α ，故改善了咬入条件。

3.2.4.2　提高 β 的方法

提高摩擦系数或摩擦角是较复杂的，因为在轧制条件下，摩擦系数决定于许多因素，下面从以下两个方面来谈改善咬入条件。

（1）改变轧件或轧辊的表面状态，以提高摩擦角。在轧制高合金钢时，由于表面质量要求高，不允许从改变轧辊表面着手，而是从轧件着手。于此首先是清除炉生氧化铁皮。实验研究表明：钢坯表面的炉生氧化铁皮，使摩擦系数降低。由于炉生氧化铁皮的影响。使自然咬入困难，或者以极限咬入条件咬入后在稳定轧制阶段发生打滑现象，由此可见，清除炉生氧化铁皮对保证顺利地自然咬入及进行稳定轧制是十分必要的。

（2）合理地调节轧制速度。实践表明：随轧制速度的提高，摩擦系数是降低的。据此，可以低速实现自然咬入，然后随着轧件充填辊缝使咬入条件好转，逐渐增加轧制速度，使之过渡到稳定轧制阶段时达到最大，但必须保证 $\alpha_y < K_x\beta_y$ 的条件，这种方法简单可靠，易于实现，所以在实际生产中是被采用的。

列举上述几种改善咬入条件的具体方法有助于理解与具体运用改善咬入条件所依据的基本原则。在实际生产中不限于以上几种方法，而且往往是根据不同条件几种方法同时并用。

3.2.5 最大压下量的计算

$\Delta h = D \cdot (1 - \cos\alpha)$ 给出了压下量、轧辊直径及咬入角三者的关系，在直径一定的条件下，根据咬入条件通常采用如下两种方法来计算最大压下量。

（1）按最大咬入角计算最大压下量。

由式 $\Delta h = D \cdot (1 - \cos\alpha)$ 不难看出：当咬入角的数值最大时，相应的压下量也是最大，即

$$\Delta h_{\max} = D \cdot (1 - \cos\alpha_{\max}) \tag{3-27}$$

（2）根据摩擦系数计算压下量。由摩擦系数与摩擦角的关系及咬入条件：$f = \tan\beta$，$\alpha_{\max} = \beta$，

故
$$\tan\alpha_{\max} = \tan\beta$$

根据三角关系可知：$\cos\alpha_{\max} = \dfrac{1}{\sqrt{1 + \tan^2\beta}} = \dfrac{1}{\sqrt{1 + f^2}}$

将上式代入 $\Delta h_{\max} = D \cdot (1 - \cos\alpha_{\max})$，可得根据摩擦系数计算压下量的公式，

即
$$\Delta h_{\max} = D\left(1 - \frac{1}{\sqrt{1 + f^2}}\right) \tag{3-28}$$

式中轧制时的摩擦系数 f 可由公式计算或由表3-1等资料中查找。

表 3-1 不同轧制条件下的摩擦系数和最大咬入角

序号	轧制条件	摩擦系数	最大咬入角/(°)
1	在有刻痕或堆焊的轧辊上热轧钢坯	0.45~0.62	24~32
2	热轧型钢	0.36~0.47	20~25
3	热轧钢板或扁钢	0.27~0.36	15~20
4	在一般光面轧辊冷轧钢板或带钢	0.09~0.18	5~10
5	在镜面光泽轧辊上冷轧板带钢	0.05~0.08	3~5
6	辊面同上，用蓖麻油、棉籽油润滑	0.03~0.06	2~4

3.2.6 平均工作辊径与变形速度

在平辊上轧制矩形或方形断面轧件，均匀压缩的变形情况中，多数是轧件在孔型内轧制宽度上压下不均匀，各公式中的参数需用等效值——平均工作辊径和平均压下量来计算。

3.2.6.1 轧制速度

轧制速度是指轧件离开轧辊的速度，在忽略轧件与轧辊的相对滑动时近似等于轧辊的圆周线速度。轧辊圆周线速度可由轧辊的转速、轧辊的工作直径来计算：

$$v = \frac{\pi n D_K}{60} \tag{3-29}$$

式中，v 为轧辊圆周速度，m/s；n 为轧辊的转速，r/min；D_K 为轧辊的工作直径，mm。

3.2.6.2 平均工作辊径 $\overline{D_K}$

（1）工作辊径 D_K。轧辊与轧件相接触处的直径，取其半径为工作半径。

（2）假想工作直径 D。认为两轧辊靠拢，没有辊缝时两轧辊轴线间距离。

（3）平辊的工作辊径 $\overline{D_K}$。根据实际轧制的特征，可分为以下三种情况：

1）平辊轧制时的工作辊径，如图 3-9 所示。

$$\overline{D_K} = D - h \tag{3-30}$$

2）箱形孔型中轧制时的工作辊径如图 3-10 所示，工作辊径为孔型的槽底直径，与辊环直径 D' 的关系为：

$$D_K = D' - (h - S) \tag{3-31}$$

式中，h 为轧件的轧后高度；S 为轧辊辊缝值，即上下两辊辊环之间的距离。

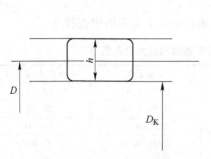

图 3-9 平辊轧制示意图

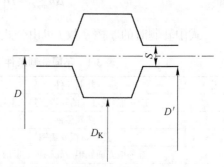

图 3-10 箱型孔型轧制示意图

3）复杂孔型（非矩形断面孔型）中轧制时的平均工作辊径。通常用平均高度法近似确定平均工作辊径，即把断面较为复杂的孔型的横断面面积 F 除以该孔型的宽度 B_h，得到该孔型的平均高度 $\bar{h}$，如图 3-11 中的 $\bar{h}$ 对应的轧辊直径即为平均工作直径：

$$\overline{D_K} = D - \bar{h} = D - \frac{F}{B_h}$$

或

$$\overline{D_K} = D' - \left(\frac{F}{B_h} - S \right) \tag{3-32}$$

式中，D' 为假想工作直径；$\bar{h}$ 为非矩形断面孔型的平均高度；F 为孔型面积；B_h 为孔型宽度；$\dfrac{F}{B_h}$ 为孔型高度。

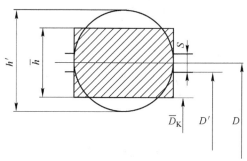

图 3-11　非矩形断面孔型中的轧制示意图

3.2.6.3　变形速度

变形速度是变形程度对时间的变化率，表示单位时间产生的应变。一般用最大主变形方向的变形程度来表示各种变形过程中的变形速度。其定义表达式为：

$$\dot{\varepsilon} = \frac{\mathrm{d}\varepsilon}{\mathrm{d}t} \tag{3-33}$$

例如在轧制或锻压时，某一瞬间 $\mathrm{d}t$ 时间内，工件的高度为 h_x，产生的压缩变形量为 $\mathrm{d}h_x$，此时的变形速度表示为：

$$\dot{\varepsilon} = \frac{\mathrm{d}\varepsilon}{\mathrm{d}t} = \frac{\mathrm{d}h_x}{h_x} \Big/ \mathrm{d}t = \frac{1}{h_x} \cdot \frac{\mathrm{d}h_x}{\mathrm{d}t} = \frac{v_x}{h_x}$$

式中，v_x 为工具的瞬间移动速度。

为了有利于分析锻压、轧制、拉拔过程中的变形速度对金属性能的影响，下面分别介绍三种情况的变形速度的计算公式。

（1）锻压。

$$\bar{\dot{\varepsilon}} = \frac{\bar{v}_x}{h} = \frac{\bar{v}_x}{\dfrac{H + h}{2}} = \frac{2\bar{v}_x}{H + h}$$

或
$$\bar{\varepsilon} = \frac{\varepsilon}{t} = \frac{\ln \dfrac{H}{h}}{\dfrac{H-h}{\bar{v}_x}} = \frac{\bar{v}_x \cdot \ln \dfrac{H}{h}}{H-h} \tag{3-34}$$

式中，$\bar{v}_x$ 为工具平均压下速度。

（2）轧制。轧制过程速度分解示意图如图 3-12 所示。

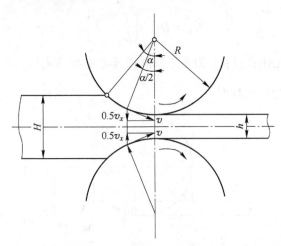

图 3-12   轧制过程速度分解示意图

假定接触弧中点的压下速度为平均压下速度，则：

$$\bar{v}_x = 2v \cdot \sin \frac{\alpha}{2} = 2v \cdot \frac{\alpha}{2} = v \cdot \alpha$$

所以
$$\bar{\varepsilon} = \frac{\bar{v}_x}{h} = \frac{v \cdot \alpha}{\dfrac{H+h}{2}} = \frac{2v \cdot \alpha}{H+h}$$

又因为
$$\alpha = \sqrt{\frac{\Delta h}{R}}$$

所以计算出平均变形速度的艾克隆德公式为：

$$\bar{\varepsilon} = \frac{2v \cdot \sqrt{\dfrac{H-h}{R}}}{H+h} \tag{3-35}$$

式中，R 为轧辊半径；v 为轧辊圆周速度。

采利柯夫导出的轧制时的平均变形速度公式为：

$$\bar{\varepsilon} = \frac{\Delta h}{H} \cdot \frac{v}{\sqrt{R \cdot \Delta h}} \tag{3-36}$$

（3）拉拔。使用拉拔方向的变形速度表示公式为：

$$\bar{\dot{\varepsilon}} = \frac{\varepsilon}{t} = \frac{\ln\dfrac{l}{L}}{\dfrac{l-L}{v}} = \frac{v}{l-L} \cdot \ln\frac{l}{L} \tag{3-37}$$

式中，v 为平均拉伸速度。

3.3　宽展分析及计算

3.3.1　宽展及其分类

3.3.1.1　宽展及其实际意义

在轧制过程中轧件的高度方向承受轧辊压缩作用，压缩下来的体积，将按照最小阻力法则沿着纵向及横向移动。沿横向移动的体积所引起的轧件宽度的变化称为宽展。

在习惯上，通常将轧件在宽度方向线尺寸的变化，即绝对宽展直接称为宽展。虽然用绝对宽展不能正确反映变形的大小，但是由于它简单、明确，在生产实践中得到极为广泛的应用。

轧制中的宽展可能是希望的，也可能是不希望的，视轧制产品的断面特点而定。当从窄的坯轧成宽成品时希望有宽展，如用宽度较小的钢坯轧成宽度较大的成品，则必须设法增大宽展。若是从大断面坯轧成小断面成品时，则不希望有宽展，因消耗于横变形的功是多余的。在这种情况下，应该力求以最小的宽展轧制。

纵轧的目的是为得到延伸，除特殊情况外，应该尽量减小宽展，降低轧制功能消耗，提高轧机生产率。不论在哪种情况下，希望或不希望有宽展，都必须掌握宽展变化规律以及正确计算它，在孔型中轧制则宽展计算更为重要。

正确估计轧制中的宽展是保证断面质量的重要一环，若计算宽展大于实际宽展，孔型充填不满，造成很大的椭圆度，如图3-13（a）所示，若计算宽展小于实

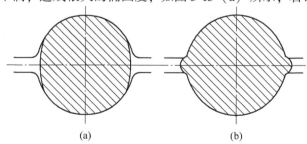

（a）　　　　　　　　　　　　（b）

图3-13　由于宽展估计不足产生的缺陷

（a）未充满；（b）过充满

际宽展，孔型充填过满，形成耳子如图3-13（b）所示。以上两种情况均造成轧件报废。

因此，正确地估计宽展对提高产品质量，改善生产技术经济指标有着重要的作用。

3.3.1.2 宽展分类

在不同的轧制条件下，坯料在轧制过程中的宽展形式是不同的。根据金属沿横向流动的自由程度，宽展可分为自由宽展、限制宽展和强迫宽展。

（1）自由宽展。坯料在轧制过程中，被压下的金属体积其金属质点在横向移动时，具有沿垂直于轧制方向朝两侧自由移动的可能性。此时金属流动除受接触摩擦的影响外，不受其他任何的阻碍和限制，如孔型侧壁、立辊等，结果明确地表现出轧件宽度上线尺寸的增加，这种情况称为自由宽展。如图3-14所示。

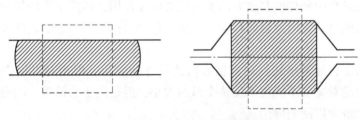

图 3-14 自由宽展轧制

自由宽展发生于变形比较均匀的条件下，如平辊上轧制矩形断面轧件，以及宽度有很大富裕的扁平孔型内轧制。自由宽展轧制是最简单的轧制情况。

（2）限制宽展。坯料在轧制过程中，金属质点横向移动时，除受接触摩擦的影响外，还承受孔型侧壁的限制作用，因而破坏了自由流动条件，此时产生的宽展称为限制宽展。如在孔型侧壁起作用的凹型孔型中轧制时即属于此类宽展，如图3-15所示。由于孔型侧壁的限制作用，横向移动体积减小，故所形成的宽展小于自由宽展。

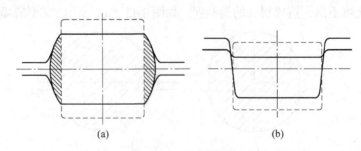

(a)   (b)

图 3-15 限制宽展

（a）箱形孔内的宽展；（b）闭口孔内的宽展

（3）强迫宽展。坯料在轧制过程中，金属质点横向移动时，不仅不受任何阻碍，且受有强烈的推动作用，使轧件宽度产生附加的增长，此时产生的宽展称为强迫宽展。由于出现有利于金属质点横向流动的条件，所以强迫宽展大于自由宽展。在凸型孔型中轧制及有强烈局部压缩的轧制条件是强迫宽展的典型例子，如图 3-16 所示。

如图 3-16（a）所示，由于孔型凸出部分强烈的局部压缩，强迫金属横向流动，轧制宽扁钢时采用的切深孔型就是这个强制宽展的实例。而图 3-16（b）所示是由两侧部分的强烈压缩形成强迫宽展。

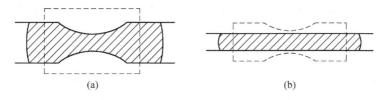

图 3-16　强迫宽展轧制
（a）典型的强制宽展；（b）由两侧压缩形成的强制宽展

在孔型中轧制时，由于孔型侧壁的作用和轧件宽度上压缩的不均匀性，确定金属在孔型内轧制时的宽展是十分复杂的，尽管做过大量的研究工作，但在限制或强迫宽展孔型内金属流动的规律还是不十分清楚。

3.3.1.3　宽展的组成

A　宽展沿轧件横断面高度上的分布

由于轧辊与轧件的接触表面上存在着摩擦，以及变形区几何形状和尺寸的不同，因此沿接触表面上金属质点的流动轨迹与接触面附近的区域和远离的区域是不同的。它一般由滑动宽展、翻平宽展和鼓形宽展组成，如图 3-17 所示。

（1）滑动宽展是变形金属在与轧辊的接触面产生相对滑动所增加的宽展量，以 ΔB_1 表示，展宽后轧件由此而达到的宽度为：

$$B_1 = B_H + \Delta B_1$$

（2）翻平宽展是由于接触摩擦阻力的作用，使轧件侧面的金属，在变形过程中翻转到接触表面上，使轧件的宽度增加，增加的量以 ΔB_2 表示，加上这部分展宽的量之后轧件的宽度为：

$$B_2 = B_1 + \Delta B_2 = B_H + \Delta B_1 + \Delta B_2$$

（3）鼓形宽展是轧件侧面变成鼓形而造成的展宽量，用 ΔB_3 表示，此时轧件的最大宽度为：

$$b = B_3 = B_2 + \Delta B_3 = B_H + \Delta B_1 + \Delta B_2 + \Delta B_3$$

显然，轧件的总展宽量为：$\Delta B = \Delta B_1 + \Delta B_2 + \Delta B_3$

通常理论上所说的宽展及计算的宽展是指将轧制后轧件的横断面化为同厚度的矩形之后，其宽度与轧制前轧坯宽度之差，即

$$\Delta B = B_h - B_H \tag{3-38}$$

因此，轧后宽度 B_h 是一个为便于工程计算而采用的理想值。

上述宽展的组成及其相互的关系，由图 3-17 可以清楚地表示出来，滑动宽展 ΔB_1、翻平宽展 ΔB_2 和鼓形宽展 ΔB_3 的数值，依赖于摩擦系数和变形区的几何参数的变化。它们有一定的变化规律，但至今定量的规律尚未掌握，只能依赖实验和初步的理论分析了解它们之间的一些定性关系。例如摩擦系数 f 值越大，不均匀变形就越严重，此时翻平宽展和鼓形宽展的值就越大，滑动宽展越小。各种宽展与变形区几何参数之间有如图 3-18 所示的关系。由图中之曲线可见，当 $l/\overline{h}$ 越小时，则滑动宽展越小，而翻平和鼓形宽展占主导地位。这是因为 $l/\overline{h}$ 越小，黏着区越大，故宽展主要是由翻平和鼓形宽展组成，而不是由滑动宽展组成。

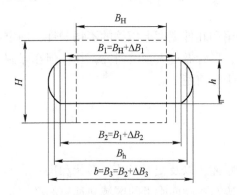

图 3-17　宽展沿轧件横面高度分布

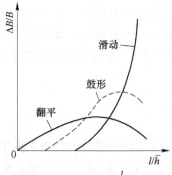

图 3-18　各种宽展与 $\dfrac{l}{h}$ 的关系

B　宽展沿轧件宽度上的分布

关于宽展沿轧件宽度分布的理论，基本上有两种假说。第一种假说认为宽展沿轧件宽度均匀分布，这种假说主要以均匀变形和外区作用作为理论的基础。因为变形区与前后外区彼此是同一块金属，是紧密联结在一起的。因此对变形起着均匀的作用，使沿长度方向上各部分金属延伸相同，宽展沿宽度分布自然是均匀的，它可用图 3-19 来说明。第二种假说，认为变形区可分为四个区域，即在两边的区域为宽展区，中间分为前后两个延伸区，它可用图 3-20 来说明。

宽展沿宽度均匀分布的假说，对于轧制宽而薄的薄板，宽展很小甚至可以忽略时的变形可以认为是均匀的。但在其他情况下，均匀假说与许多实际情况是不

相符合的，尤其是对于窄而厚的轧件更不适应，因此这种假说是有局限性的。

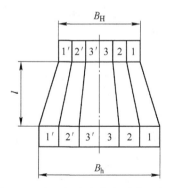

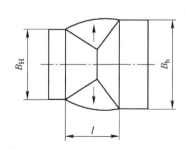

图 3-19 宽展沿宽度均匀分布的假说   图 3-20 变形区分区图示

变形区分区假说，也不完全准确，许多实验证明变形区中金属表面质点流动的轨迹，并非严格地按所画的区间进行流动。但是它能定性地描述宽展发生时变形区内金属质点流动的总趋势，便于说明宽展现象的性质，并可作为计算宽展的根据。

总之，宽展是一个极其复杂的轧制现象，它受许多因素的影响。

3.3.2 影响宽展的因素

影响金属在变形区内沿纵向及横向流动的数量关系的因素很多，但这些因素都是建立在最小阻力定律及体积不变定律的基础上的。经过综合分析，影响宽展诸因素的实质可归纳为两方面：一为高向移动体积；二是变形区内轧件变形的纵横阻力比，即变形区内轧件应力状态中的 σ_3/σ_2 关系（σ_3 为纵向压缩主应力，σ_2 为横向压缩主应力）。根据分析，变形区内轧件的应力状态取决于多种因素。

轧制时高向压下的金属如何分配给延伸和宽展，受最小阻力定律和体积不变定律的支配。由体积不变定律可知，轧件在高度方向压缩的移动体积应等于宽度方向和延伸方向增加的体积之和。而高度方向位移体积有多少分配于宽度方向，则受到最小阻力定律的制约。若金属横向流动阻力较小，则大量金属质点横向流动，表现为宽展较大。反之，若纵向流动阻力较小，则金属质点大量纵向流动而造成宽展减小。

下面对简单轧制条件下影响宽展的主要因素进行分析。

3.3.2.1 相对压下量的影响

压下量是形成宽展的源泉，是形成宽展的主要因素之一，没有压下量宽展就无从谈起。因此，相对压下量越大，宽展越大。

很多实验表明，随着压下量的增加，宽展量也增加。如图 3-21（a）所示，这是因为压下量增加时，变形区长度增加，变形区水平投影形状 l/b 增大，因而使纵向塑性流动阻力增加，纵向压缩主应力值加大。根据最小阻力定律，金属沿横向运动的趋势增大，因而使宽展加大。另一方面，$\Delta h/H$ 增加，高向压下来的金属体积也增加，所以使 Δb 也增加。

应当指出，宽展 Δb 随压下率的增加而增加的状况，由于 $\Delta h/H$ 的变换方法不同，使 Δb 的变化也有所不同，如图 3-21（b）所示，当 H 为常数或 h 为常数时，压下率 $\Delta h/H$ 增加，Δb 的增加速度快；而 Δh 为常数时，Δb 增加的速度次之。这是因为，当 H 或 h 为常数时，欲增加 $\Delta h/H$，需增加 Δh，这样就使变形区长度 l 增加，因而纵向阻力增加，延伸减小，宽展 Δb 增加。同时 Δh 增加，将使金属压下体积增加，也促使 Δb 增加，二者综合作用的结果，将使 Δb 增加得较快。而 Δh 等于常数时，增加 $\Delta h/H$ 是依靠减少 H 来达到的。这时变形区长度 l 不增加，所以 Δb 的增加较上一种情况慢些。

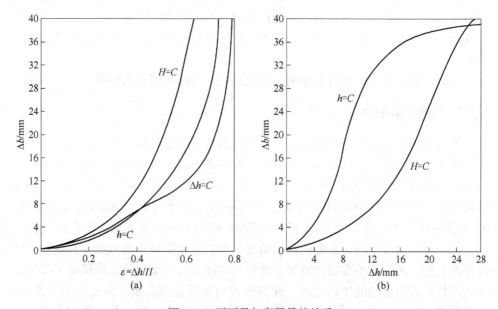

图 3-21   压下量与宽展量的关系

（a）当 Δh、H、h 为常数，低碳钢轧制温度为 900℃，轧制速度为 1.1m/s 时，Δb 与 $\Delta h/H$ 的关系；

（b）当 H、h 为常数，低碳钢轧制温度为 900℃，轧制速度为 1.1m/s 时，Δb 与 Δh 的关系

图 3-22 所示为相对压下率 $\Delta h/H$ 与宽展指数 $\Delta b/\Delta h$ 之间关系的实验曲线，对上述道理可以完满地加以解释。当 $\Delta h/H$ 增加时，Δb 增加，故 $\Delta b/\Delta h$ 会直线增加；当 h 或 H 等于常数时，增加 $\Delta h/H$ 是靠增加 Δh 来实现的，所以 $\Delta b/\Delta h$ 增加得缓慢，而且到一定数值以后即 Δh 增加超过了 Δb 的增大时，会出现 $\Delta b/\Delta h$ 下降的现象。

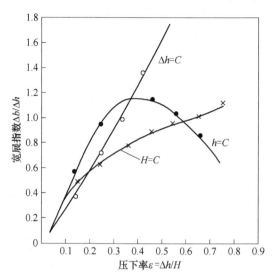

图 3-22　在 Δh、H 和 h 为常数时宽展指数与压下率的关系

3.3.2.2 轧制道次的影响

实验证明，在总压下量一定的前提下，轧制道次越多，宽展越小，表 3-2 的数据可完全说明上述结论。因为在其他条件及总压下量相同时，一道轧制时变形区形状 l/b 比值较大，所以宽展较大；而当多道次轧制时，变形区形状 l/b 值较小，所以宽展也较小。

表 3-2　轧制道次与宽展量的关系

序号	轧制温度 t/℃	轧制道次	$\dfrac{\Delta h}{H}$/%	Δb/mm
1	1000	1	74.5	22.4
2	1085	6	73.6	15.6
3	925	6	75.4	17.5
4	920	1	75.1	33.2

因此，不能只是从原料和成品的厚度来决定宽展，而总是应该按各个道次来分别计算。

3.3.2.3 轧辊直径对宽展的影响

由实验得知，其他条件不变时，宽展 Δb 随轧辊直径 D 的增加而增加。这是因为当 D 增加时变形区长度加大，使纵向的阻力增加，根据最小阻力定律，金属更容易向宽度方向流动，如图 3-23 所示。

研究辊径对宽展的影响时，应当注意到轧辊为圆柱体这一特点，沿轧制方向由于是圆弧形的，必然产生有利于延伸变形的水平分力，它使纵向摩擦阻力减小，有利于纵向变形，即增大延伸，所以，即使变形区长度与轧件宽度相等，延伸与宽展的量也不相等，而受工具形状的影响，延伸总是大于宽展。

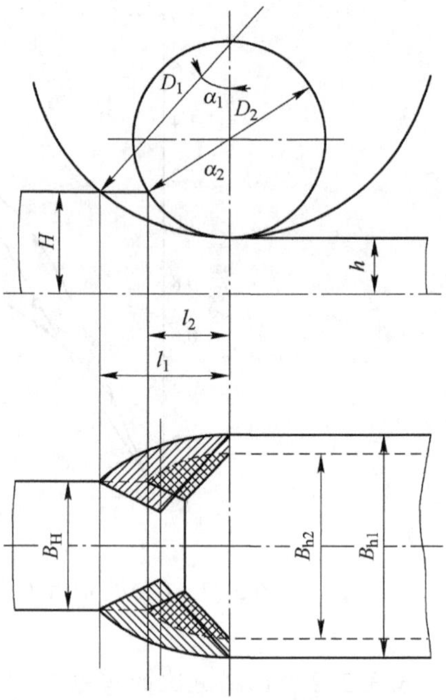

3.3.2.4 摩擦系数的影响

实验证明，当其他条件相同时，随着摩擦系数的增加，宽展也增加，如图 3-24 所示。因为随着摩擦系数的增加，轧辊的工具形状系数增加，因之使 σ_3/σ_2 比值增加，相应地使延伸减小，宽展增大。

摩擦系数是轧制条件的复杂函数，可写成下面的函数关系：

$$f = \psi(t, v, K_1, K_3) \qquad (3-39)$$

图 3-23 轧辊直径对宽展的影响

式中，t 为轧制温度；v 为轧制速度；K_1 为轧辊材质及表面状态；K_3 为轧件的化学成分。

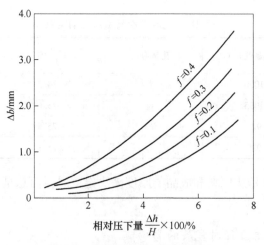

图 3-24 摩擦系数对宽展的影响

凡是影响摩擦系数的因素，都将通过摩擦系数引起宽展的变化，这主要有：
(1) 轧制温度对宽展的影响。轧制温度对宽展影响的实验曲线如图 3-25 所示。

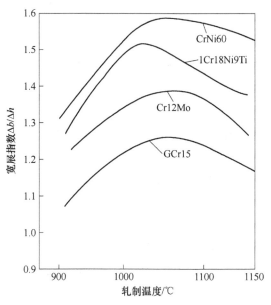

图 3-25 轧制温度与宽展指数的关系

分析此图上的曲线特征可知，轧制温度对宽展的影响与其对摩擦系数的影响规律基本上相同。在此热轧条件下，轧制温度主要是通过氧化铁皮的性质影响摩擦系数，从而间接地影响宽展。从图 3-25 看出，在较低阶段由于温度升高，氧化皮的生成，使摩擦系数升高，从而宽展也增加。而到高温阶段由于氧化铁皮开始熔化起润滑作用，使摩擦系数降低，从而宽展降低。

（2）轧制速度的影响。轧制速度对宽展的影响规律基本上与其对摩擦系数的影响规律相同，因为轧制速度是影响摩擦系数的，从而影响宽展的变化，随轧制速度的升高，摩擦系数是降低的，从而宽展减小，如图 3-26 所示。

（3）轧辊表面状态的影响。轧辊表面越粗糙，摩擦系数越大，宽展也就越大，实践也完全证实了这一点。譬如在磨损后的轧辊上轧制时产生的宽展比在新辊上轧制时的宽展大。轧辊表面润滑使接触面上的摩擦系数降低，相应地使宽展减小。

（4）轧件的化学成分的影响。轧件的化学成分主要是通过外摩擦系数的变化来影响宽展的。热轧金属及合金的摩擦系数所以不同，主要是由于其氧化皮的结构及物理机械性质不同，从而影响摩擦系数的变化和宽展的变化。但是，目前对各种金属及合金的摩擦系数研究较少，尚不能满足实际需要。有些学者进行了一些研究，下面介绍研究人员在一定的实验条件下做的具有各种化学成分和各种组织的大量钢种的宽展试验。所得结果列入表 3-3 中，从这个表中可以看出来，合金钢的宽展比碳素钢大些。

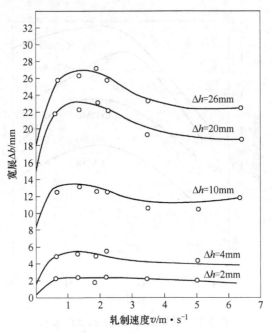

图 3-26 宽展与轧制速度的关系

按一般公式计算出来的宽展，很少考虑合金元素的影响，为了确定合金钢的宽展，必须将按一般公式计算所求得的宽展值乘上表 3-3 中的系数 m，也就是：

$$\Delta b_{\text{合}} = m \cdot \Delta b_{\text{计}} \tag{3-40}$$

表 3-3 钢的成分对宽展的影响系数

组别	钢 种	钢 号	影响系数 m	平均数
1	普碳钢	10 号钢	1.0	
2	珠光体-马氏体钢	T7A	1.14	1.25~1.32
		Cr15	1.29	
		16Mn	1.29	
		4Cr13	1.33	
		38CrMoAl	1.35	
		4Cr10Si2Mo	1.35	
3	奥氏体钢	4Cr14Ni14W2Mo	1.36	1.35~1.46
		2Cr10Si2Mo	1.42	
4	带残余相的奥氏体（铁素体、莱氏体）钢	1Cr18Ni9Ti	1.44	1.4~1.5
		3Cr18Ni25Si2	1.44	
		1Cr23Ni13	1.53	
5	铁素体钢	1Cr17Al5	1.55	
6	带有碳化物的奥氏体钢	Cr15Ni60	1.62	

式中，$\Delta b_{合}$ 为合金钢的宽展；m 为考虑到化学成分影响的系数；$\Delta b_{计}$ 为按一般公式计算的宽展。

（5）轧辊的化学成分对宽展的影响。轧辊的化学成分影响摩擦系数，从而影响宽展，一般在钢轧辊上轧制时的宽展比在铸铁轧制时为大。

3.3.2.5 轧件宽度对宽展的影响

如前所述，可将接触表面金属流动分成四个区域，即前滑、后滑区和左、右宽展区，用它可以说明轧件宽度对宽展的影响。假如变形区长度 l 一定，当轧件宽度 B 逐渐增加时，由 $l_1 > B_1$ 到 $l_2 > B_2$，如图 3-27 所示，宽展区是逐渐增加的，因而宽展也逐渐增加。当由 $l_2 = B_2$ 到 $l_3 < B_3$ 时，宽展区变化不大，而延伸区逐渐增加。因此，从绝对量上来说，宽展的变化也是先增加，后来趋于不变，这已为实验所证实，如图 3-28 所示。

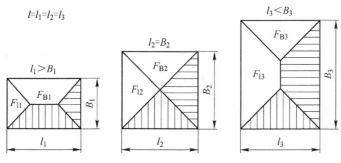

图 3-27 轧件宽度对变形区划分的影响

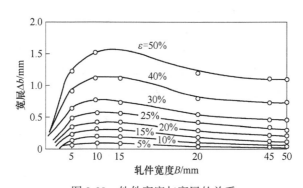

图 3-28 轧件宽度与宽展的关系

从相对量来说，则随着宽展区 F_B 和前滑、后滑区 F_1 的 F_B/F_1 比值不断减小，而 $\Delta b/B$ 逐渐减小。同样若 B 保持不变，而 l 增加时，则前滑、后滑区先增加，而后接近不变，而宽展区的绝对量和相对量均不断增加。

一般说来，当 $l/\overline{B}$ 增加时，宽展增加，也即宽展与变形区长度 l 成正比，而

与其宽度 $\overline{B}$ 成反比。轧制过程中变形区尺寸的比，可用下式表示：

$$\frac{l}{\overline{B}} = \frac{\sqrt{R \cdot \Delta h}}{\dfrac{B+b}{2}} \tag{3-41}$$

此比值越大，宽展也越大。$l/\overline{B}$ 的变化，实际上反映了纵向阻力及横向阻力的变化，轧件宽度 $\overline{B}$ 增加，Δb 减小，当 B 值很大时，Δb 趋近于零，即 $b/B=1$ 就出现平面变形状态。此时表示横向阻力的横向压缩主应力 $\sigma_2 = (\sigma_1 + \sigma_3)/2$。在轧制时，通常认为在变形区的纵向长度为横向长度的 2 倍时（$l/\overline{B}=2$），会出现纵横变形相等的条件。为什么不在二者相等（$l/\overline{B}=1$）时出现呢？这是因为前面所说的工具形状的影响。此外，在变形区前后轧件都具有外端，外端将起着妨碍金属质量向横向移动的作用，因此，也使宽展减小。

3.3.3 宽展的计算

由于影响宽展的因素很多，一般的公式中很难把所有的影响因素全部考虑进去，甚至一些主要因素也很难考虑得很正确。下面介绍的几种计算宽展的公式，多是根据一定的试验条件总结出来的，所以公式的应用是有条件的，并且计算是近似的。

3.3.3.1 若兹公式

德国学者若兹根据实际经验提出如下计算宽展的公式：

$$\Delta b = \beta \cdot \Delta h \tag{3-42}$$

式中，β 为宽展系数，可以根据现场经验数据选用。如热轧低碳钢（1000 ~ 1150℃），$\beta = 0.31 \sim 0.35$；热轧合金钢或高碳钢，$\beta = 0.45$。在轧制普通碳素钢时，采用不同的孔型，β 的取值范围见表3-4。

表3-4　不同条件下的宽展数

轧　机	孔型形状	方轧件边长	宽展指数 β 值
中小型开坯机	扁平箱型孔型		0.15 ~ 0.35
	立箱型孔型		0.20 ~ 0.25
	共轭平箱孔型		0.20 ~ 0.35
小型初轧机	方轧件进六角孔型	>40	0.5 ~ 0.7
		<40	0.65 ~ 1.0
	菱形轧件进方孔型		0.20 ~ 0.35
	方轧件进菱形孔型		0.25 ~ 0.40

轧　机	孔型形状	方轧件边长	宽展指数 β 值
中小型轧机及线材轧机	方轧件进椭圆孔型	6~9	1.4~2.2
		9~14	1.2~1.6
		14~20	0.9~1.3
		20~30	0.7~1.1
		30~40	0.5~0.9
	圆轧件进椭圆孔型		0.4~1.2
	椭圆轧件进方孔型		0.4~0.6
	椭圆轧件进圆孔型		0.2~0.4

若兹公式只考虑了绝对压下量的影响，因此是近似计算，局限性较大。但形式简单，使用方便，所以在生产中应用较多。

3.3.3.2　巴赫契诺夫公式

此公式的导出是根据移动体积与其消耗功成正比的关系，当轧件宽度 $B > 2l$ 时，可以按照巴赫契诺夫公式计算：

$$\Delta b = 1.15\frac{\Delta h}{2H}\Big(\sqrt{R \cdot \Delta h} - \frac{\Delta h}{2f}\Big) \tag{3-43}$$

式中，f 为摩擦系数，$f = k_1 k_2 k_3 (1.05 - 0.0005t)$（$k_1$、$k_2$、$k_3$、$t$ 见式（3-45））；R 为轧辊工作半径；H、Δh 分别为轧件轧前厚度和压下量。

巴赫契诺夫公式考虑了摩擦系数、相对压下量、变形区长度及轧辊形状对宽展的影响。用巴赫契诺夫公式计算平辊轧制和箱型孔型中的自由宽展可以得到与实际相接近的结果，因此可用于实际变形计算中。

3.3.3.3　爱克伦得公式

爱克伦得公式导出的理论依据是：认为宽展决定于压下量及轧件与轧辊接触面上纵横阻力的大小，并假定在接触面范围内，横向及纵向的单位面积上的单位功是相同的，在延伸方向上，假定滑动区为接触弧长的 2/3，即黏着区为接触弧长的 2/3。按体积不变条件进行一系列的数学处理后得：

$$b^2 = 8m\sqrt{R\Delta h}\,\Delta h + B^2 - 2 \times 2m(H + h)\sqrt{R\Delta h}\ln\frac{b}{B} \tag{3-44}$$

式中，$m = (1.6f\sqrt{R\Delta h} - 1.2\Delta h)/(H + h)$

摩擦系数 f 可按下式进行计算：

$$f = k_1 k_2 k_3 (1.05 - 0.0005t) \tag{3-45}$$

式中，k_1 为轧辊材质与表面状态的影响系数，见表 3-5；k_2 为轧制速度影响系数，其值，如图 3-29 所示；k_3 为轧件化学成分影响系数，见表 3-6；t 为轧制温度。

用这个公式计算宽展的结果也是正确的。

表 3-5　轧辊材质与表面状态影响系数 k_1

轧辊材质与表面状态	k_1
粗面钢轧辊	1.0
粗面铸铁轧辊	0.8

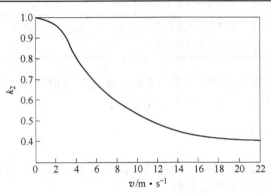

图 3-29　k_3 与轧制速度的关系图

表 3-6　轧件材质影响系数 k_3

钢　种	钢号	k_3
碳素钢	20～70、T7～T12	1.0
莱氏体钢	W18Cr4V、W9Cr4V2、Cr12、Cr12MoV	1.1
珠光体-马氏体钢	4Cr9Si2、5CrMnMo、3Cr13、3Cr2W8	1.3
奥氏体钢	0Cr18Ni9、4Cr14NiW2Mo	1.4
含铁素体或莱氏体的奥氏体钢	1Cr18Ni9Ti、Cr23Ni13	1.47
铁素体钢	Cr25、Cr25Ti、Cr17、Cr28	1.55
含硫化物的奥氏体钢	Mn12	1.8

3.3.3.4　彼德诺夫-齐别尔公式

$$\Delta b = c \frac{\Delta h}{H} \sqrt{R\Delta h} \tag{3-46}$$

式中，c 为实际导出的系数，一般为 0.35～0.45。在温度高于 1000℃ 时或轧制软钢时取 $c=0.35$，在温度低于 1000℃ 或轧制较硬的钢时 $c=0.45$。

彼德诺夫-齐别尔公式考虑了变形区长度和轧前宽度以及相对压下量对宽展的影响。

3.4 前滑与后滑分析及计算

3.4.1 轧制过程中的前滑和后滑现象

实践证明，在轧制过程中轧件在高度方向受到压缩的金属，一部分纵向流动，使轧件形成延伸，而另一部分金属横向流动，使轧件形成宽展，轧件的延伸是由于被压下金属向轧辊入口和出口两个方向流动的结果。在轧制过程中，轧件出口速度 v_h 大于轧辊在该处的线速度 v，即 $v_h > v$ 的现象称为前滑现象。而轧件进入轧辊的速度 v_h 小于轧辊在该处线速度 v 的水平分量 $v\cos\alpha$ 的现象称为后滑现象。在轧制理论中，通常将轧件出口速度 v_h 与对应点的轧辊圆周速度的线速度之差与轧辊圆周速度的线速度之比值称为前滑值，即

$$S_h = \frac{v_h - v}{v} t \times 100\% \qquad (3-47)$$

式中，S_h 为前滑值；v_h 为在轧辊出口处的轧件速度；v 为轧辊的圆周速度。

同样，后滑值是用轧件入口断面轧件的速度与轧辊在该点处圆周速度的水平分量之差同轧辊圆周速度水平分量之比值来表示，即

$$S_H = \frac{v\cos\alpha - v_H}{v\cos\alpha} \times 100\% \qquad (3-48)$$

式中，S_H 为后滑值；v_H 为在轧辊入口处轧件的速度。

通过实验方法也可求出前滑值。将式（3-47）中的分子和分母分别各乘以轧制时间 t，则得到：

$$S_h = \frac{v_h t - vt}{vt} = \frac{L_h - L_H}{L_H} \qquad (3-49)$$

事先在轧辊表面上刻出距离为 L_H 的两个小坑，如图 3-30 所示。

轧制后，轧件的表面上出现距离为 L_h 的两个凸包。测出尺寸代入式（3-49）则能计算出轧制时的前滑值。由于实测出轧件尺寸为冷尺寸 L_h'，故必须用下面公式换算成热尺寸 L_h：

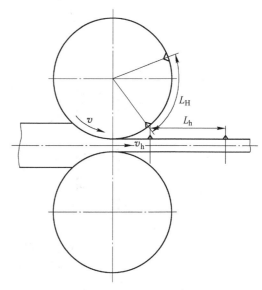

图 3-30 用刻痕法计算前滑

$$L_h = L_h'[1 + \alpha(t_1 - t_2)] \qquad (3-50)$$

式中，α 为膨胀系数，可以查表 3-7。

表 3-7 碳钢的膨胀系数

温度/℃	膨胀系数 $\alpha/10^{-6}$
0~1200	15~20
0~1000	13.3~17.5
0~800	13.5~17

3.4.2 轧件在变形区内各不同断面上的运动速度

当金属由轧前高度 H 轧到轧后高度 h 时，由于进入变形区高度逐渐减小，根据体积不变条件，变形区内金属质点运动速度不可能一样，金属各质点之间以及金属表面质点与工具表面质点之间就有可能产生相对运动。

设轧件无宽展，且沿每一高度断面上质点变形均匀，其运动的水平速度一样，如图 3-31 所示。在这种情况下，根据体积不变条件，轧件在前滑区相对于轧

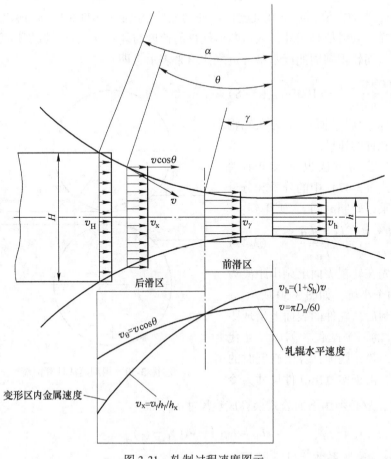

图 3-31 轧制过程速度图示

辊来说，超前于轧辊，而且在出口处的速度 v_h 为最大。轧件后滑区速度落后于轧辊线速度的水平分速度，并在入口处的轧件速度 v_H 为最小，在中性面上轧件与轧辊的水平分速度相等，并用 v_γ 表示在中性面上的轧辊水平分速度。由此可得出：

$$v_h > v_\gamma > v_H \tag{3-51}$$

而且轧件出口速度 v_h 大于轧辊圆周速度 v，即

$$v_H > v$$

轧件入口速度小于轧辊水平分速度，在入口处轧辊水平分速度为 $v\cos\alpha$，则

$$v_H < v\cos\alpha \tag{3-52}$$

中性面处轧件的水平速度与此处轧辊的水平速度相等，即

$$v_\gamma = v\cos\gamma \tag{3-53}$$

变形区任意一点轧件的水平速度可以用体积不变条件计算，也就是在单位时间内通过变形区内任一横断面上的金属体积应该为一个常数。也就是任一横断面上的金属秒流量相等，每秒通过入口断面、出口断面及变形区内任一横断面的金属流量可用下式表示：

$$F_H v_H = F_x v_x = F_h v_h = 常数 \tag{3-54}$$

式中，F_H，F_h，F_x 分别为入口断面、出口断面、变形区内任一横断面的面积；v_H、v_h、v_x 分别表示在入口断面、出口断面、任一断面上的金属平均运动速度。

根据式 (3-54) 可求得：

$$\frac{v_H}{v_h} = \frac{F_h}{F_H} = \frac{1}{\nu} \tag{3-55}$$

式中，ν 为轧件的延伸系数。

金属的入口速度与出口速度之比等于出口断面的面积与入口断面的面积之比，等于延伸系数的倒数。在已知延伸系数及出口速度时可求得入口速度，在已知延伸系数及入口速度时可求得出口速度。

如果忽略宽展，式 (3-55) 可写成：

$$\frac{v_H}{v_h} = \frac{F_h}{F_H} = \frac{h_h b_h}{h_H b_H} = \frac{h_h}{h_H} \tag{3-56}$$

式中，h_H、b_H 分别为入口断面轧件的高度和宽度；h_h、b_h 分别为出口断面轧件的高度和宽度。

根据式 (3-54) 求得任意断面的速度与出口断面的速度有下列关系：

$$\frac{v_x}{v_h} = \frac{F_h}{F_x}$$

由此 $$v_x = v_h \frac{F_h}{F_x} , \ v_\gamma = v_h \frac{F_h}{F_\gamma} \qquad (3\text{-}57)$$

忽略宽展时，则

$$v_x = v_h \frac{F_h}{F_x} = v_h = \frac{h_h}{h_x} , \ v_y = v_h \frac{h_h}{h_y}$$

研究轧制过程中的轧件与轧辊的相对运动速度有很大的实际意义。如对连续式轧机欲保持两机架间张力不变，很重要的条件就是要维持前机架轧件的秒流量和后机架的秒流量相等，也就是必须遵守秒流量不变的条件。

3.4.3 中性角 γ 的确定

中性角 γ 是决定变形区内金属相对轧辊运动速度的一个参量。由图 3-31 可知，根据在变形区内轧件对轧辊的相对运动规律，中性面所对应的角 γ 为中性角。在此面上轧件运动连同轧辊线速度的水平分速度相等。而由此中性面 nn' 将变形区划分为两个部分：前滑区和后滑区。在中性面和入口断面间的后滑区内，在任一断面上金属沿断面高度的平均运动速度小于轧辊圆周速度的水平分量，金属力图相对轧辊表面向后滑动；在中性面和出口断面间的前滑区内，在任一断面上金属沿断面高度的平均运动速度大于轧辊圆周速度的水平分量，变型金属相对轧辊表面向前滑动。由于在前滑、后滑区内金属力图相对轧辊表面产生滑动的方向不同，摩擦力的方向不同。在前滑、后滑区内，作用在轧件表面上的摩擦力的方向都指向中性面。

下面根据轧件受力平衡条件确定中性面的位置及中性角 γ 的大小。如图 3-32 所示，用 p_x 表示轧辊作用在轧件表面上的单位压力值，用 t_x 表示作用在轧件表面上的单位摩擦力值。不计轧件的宽展，考虑作用在轧件单位宽度上的所有作用力在水平方向上的分力，根据力平衡条件，取此水平分力之和为零，即

$$\sum x = -\int_0^\alpha p_x \sin\alpha_x R \mathrm{d}\alpha_x + \int_\gamma^\alpha t_x \cos\alpha_x R \mathrm{d}\alpha_x - \int_0^\gamma t_x' \cos\alpha R \mathrm{d}\alpha_x + \frac{Q_1 - Q_0}{2\bar{b}} = 0$$

$$(3\text{-}58)$$

式中，p_x 为单位压力；t_x 为后滑区单位摩擦力；t_x' 为前滑区单位摩擦力；$\bar{b}$ 为轧件的平均宽度；R 为轧辊的半径；Q_0、Q_1 分别为作用在轧件上的后张力和前张力。

在经过一系列的推导和简化后可以得出中性角的计算公式，该公式称为巴浦洛夫公式：

$$\gamma = \frac{\alpha}{2}\left(1 - \frac{\alpha}{2f}\right) \qquad (3\text{-}59)$$

利用式（3-59）可以计算出中性角 γ 的最大值，即

$$\frac{\mathrm{d}\gamma}{\mathrm{d}\alpha} = \frac{1}{2} - \frac{\alpha}{2f} = 0 \tag{3-60}$$

当 $\alpha = f \approx \beta$ 时，即当咬入角 α 等于摩擦角 β 时，中性角 γ 有极大值。即

$$\gamma_{\max} = \frac{\beta}{2}\left(1 - \frac{\beta}{2\beta}\right) = \frac{\beta}{4} \tag{3-61}$$

并可由式（3-59）作出 α 与 γ 的关系曲线，如图 3-33 所示。由图可见，当 $f = 0.4$ 和 0.3 时，中性角最大只有 $4° \sim 6°$。而且当 $\alpha = \beta = \gamma$ 时，$\gamma_{\max} = \dfrac{\alpha}{4}$ 时，有极大值。当 $\alpha = 2\beta$ 时，γ 角又再变为零。

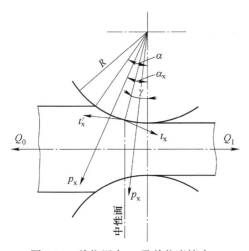

图 3-32 单位压力 p_x 及单位摩擦力 t_x
的作用方向图示

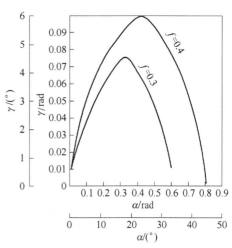

图 3-33 中性角 γ 与咬入角 α 的关系

3.4.4 前滑的计算公式

3.4.4.1 芬克（Fink）前滑公式

欲确定轧制过程中前滑值的大小，必须找出轧制过程中轧制参数与前滑的关系式。此式的推导是以变形区各横断面秒流量体积不变的条件为出发点的。变形区内各横断面秒流量相等的条件，即 $F_x v_x =$ 常数，这里的水平速度是沿轧件断面高度上的平均值。按秒流量不变条件，变形区出口断面金属的秒流量应等于中性面处金属的秒流量，由此得出：

$$v_\mathrm{h} h = v_\gamma h_\gamma \quad \text{或} \quad v_\mathrm{h} = v_\gamma \frac{h_\gamma}{h} \tag{3-62}$$

式中，v_h，v_γ 分别为轧件出辊和中性面处的水平速度；h，h_γ 分别为轧件出辊和中性面处的高度。

因为 $v_\gamma = v\cos\gamma$，$h_\gamma = h + D(1 - \cos\gamma)$，由式（3-62）可得出：

$$\frac{v_h}{v} = \frac{h_\gamma\cos\gamma}{h} = \frac{\left[h + D(1 - \cos\gamma)\right]\cos\gamma}{h}$$

由前滑的定义得到：

$$S_h = \frac{v_h - v}{v} = \frac{v_h}{v} - 1$$

将前面的式子代入上式后得：

$$S_h = \frac{(D\cos\gamma - h)(1 - \cos\gamma)}{h} \tag{3-63}$$

此式即为芬克前滑公式。由式（3-63）可看出，影响前滑值的主要工艺参数为轧辊直径 D 轧件厚度 h 及中性角 γ。显然，在轧制过程中凡是影响 D、h 及 γ 的各种因素必将引起前滑值的变化。

图 3-34 为前滑值 S_h 与轧辊直径 D，轧件厚度 h 和中性角 γ 的关系曲线。这些曲线是用芬克前滑公式在以下情况下计算出来的。

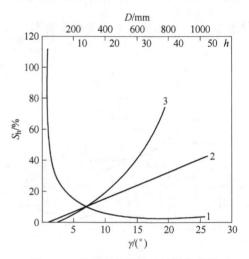

图 3-34 按芬克前滑公式计算的曲线

曲线 1：　　　　　$S_h = f(h)$，$D = 300\text{mm}$，$\gamma = 5°$；

曲线 2：　　　　　$S_h = f(D)$，$h = 20\text{mm}$，$\gamma = 5°$；

曲线 3：　　　　　$S_h = f(\gamma)$，$h = 20\text{mm}$，$D = 300\text{mm}$。

由图 3-34 可知，前滑与中性角呈抛物线关系；前滑与辊径呈直线关系；前滑与轧件轧出厚度呈双曲线关系。

3.4.4.2　艾克隆德（Ekelund）前滑公式

当中性角 γ 很小时，可取 $1 - \cos\gamma = 2\sin^2\dfrac{\gamma}{2} = \dfrac{\gamma^2}{2}$，$\cos\gamma = 1$。则式（3-63）可简化为：

$$S_h = \frac{\gamma^2}{2}\left(\frac{D}{h} - 1\right) \tag{3-64}$$

上式即为艾克隆德（Ekelund）前滑公式。

3.4.4.3　德雷斯登（Dresden）前滑公式

在轧件很薄的情况下，因为 D/h 远远大于 1，故式（3-64）中括号中的"1"可以忽略不计，则该式变为：

$$S_h = \frac{R}{h} \gamma^2 \tag{3-65}$$

上述是在不考虑宽展时求前滑的近似公式。

3.4.4.4　α、β、γ 三个角的函数关系

（1）当摩擦系数 f（或摩擦角 β）为常数时，γ 与 α 的关系为抛物线方程，当 $\alpha=0$ 或 $\alpha=2\beta$ 时，$\gamma=0$。实际上，当 $\alpha=2\beta$ 时，因变形区全部为后滑区，轧件向入口方向打滑，轧制过程已不能进行下去了。

（2）当 $\alpha=\beta$ 时，γ 有最大值：$\gamma_{max} = \dfrac{\alpha}{4} = \dfrac{\beta}{4}$。由此可见：

1）当 $\alpha=\beta$ 即在极限咬入条件下，中性角有最大值，其值为 0.25α 或 0.25β。

2）当 $\alpha<\beta$ 时，随 α 增加，γ 增加；当 $\alpha>\beta$ 时，随 α 增加，γ 减小。

3）当 $\alpha=2\beta$ 时，$\gamma=0$。

4）当 α 远远小于 β 时，γ 趋于极限值 $\alpha/2$，这表明剩余摩擦力很大。

（3）当咬入角增加时，则剩余摩擦力减小，前滑区占变形区的比例减小，极限咬入时只占变形区的 1/4，如果再增加咬入角（在咬入后带钢压下），剩余摩擦力将更小。

（4）当 $\alpha=2\beta$ 时，剩余摩擦力为零，而此时 $\gamma/\alpha=0$，$\gamma=0$。前滑区为零即变形区全部为后滑区，此时轧件向入口方向打滑，轧制过程实际上已不能继续下去。

3.4.5　前滑的影响因素

很多实验研究和生产实践表明，影响前滑的因素很多。但总的来说主要有以下几个因素：压下率，轧件厚度，摩擦系数，轧辊直径，前、后张力，孔型形状等。凡是影响这些因素的参数都将影响前滑值的变化，下面分别讨论。

3.4.5.1　轧辊直径的影响

图 3-35 所示为轧辊直径对前滑影响的实验结果，从图中可以看出前滑随轧辊直径增大而增大。此实验结果可从两方面解释：

（1）轧辊直径增大，咬入角减小，在摩擦系数不变时，剩余摩擦力增大。

（2）实验中当 $D>400$ mm 时，随辊径增加前滑增加的速度减慢。

因为辊径增加伴随着轧制速度增加，摩擦系数随之而减小，使剩余摩擦力有

所减小；同时，辊径增大导致宽展增大，延伸系数相应减小。上述因素共同作用，使前滑增加速度放慢。

3.4.5.2 摩擦系数的影响

实验证明，摩擦系数 f 越大，在其他条件相同时，前滑值越大。

凡是影响摩擦系数的因素，如轧辊材质、轧件化学成分、轧制温度、轧制速度等，都能影响前滑的大小。图 3-36 表示摩擦系数对前滑的影响。可见在热轧温度范围内，在 $\varepsilon = \Delta h/H$ 不变时，随温度降低，前滑值增大，这是因为此时摩擦系数增大的缘故。

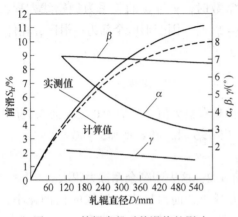

图 3-35 轧辊直径对前滑值的影响

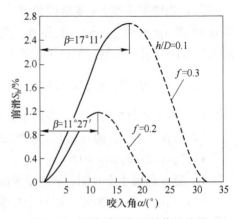

图 3-36 摩擦系数与前滑值的关系

3.4.5.3 相对压下量的影响

由图 3-37 的实验结果可以看出，前滑均随相对压下量增加而增加，而且当 Δh 为常数时，前滑增加更为显著。

出现以上现象的原因是：首先相对压下量增加，即位移体积增加。

当 Δh 为常数时，相对压下量的增加是靠减小轧件厚度 H 或 h 完成，咬入角 α 并不增大，在摩擦系数不变化时，此时 γ/α 值不变化，即剩余摩擦力不变化，前、后滑区在变形区中所占比例不变，即前、后滑值均随 $\Delta h/H$ 值增大以相同的比例增大。而 h 为常数或 H 为常数时，相对压下量增加是由增加 Δh，即增加咬入角 α 的途径完成的，此时 γ/α 值将减小，这标志着剩余摩擦力减小，此时延伸变形增加，但主要是由后滑的增加来完成的，前滑的增加速度与 Δh 为常数的情况相比要缓慢得多。

3.4.5.4 轧件厚度的影响

如图 3-38 的实验结果表明，当轧后厚度 h 减小时，前滑增大。

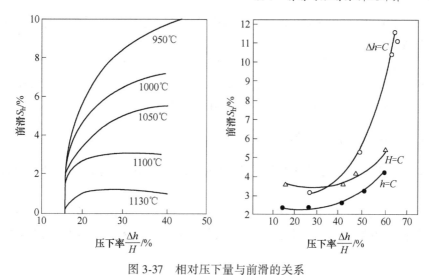

图 3-37　相对压下量与前滑的关系

当 Δh 为常数时，前滑值增加的速度比 H 为常数时要快。因为在 H、h、Δh 三个参数中，不论是以 H 为常数还是以 Δh 为常数，h 减小都意味着相对压下量增加。

轧件轧后厚度对前滑的影响，实质上可归结为相对压下量对前滑的影响。

3.4.5.5　轧件宽度的影响

如图 3-39 所示，前滑随轧件宽度变化的规律是，当宽度小于一定值时（在此

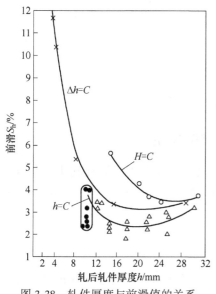

图 3-38　轧件厚度与前滑值的关系

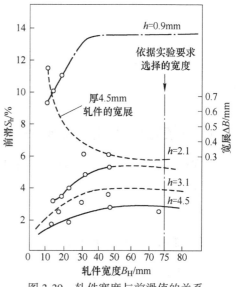

图 3-39　轧件宽度与前滑值的关系

试验条件下是小于 40mm 时），随宽度增加前滑值也增加；而宽度超过此值后，宽度再增加，则前滑不再增加。

因宽度小于一定值时，宽度增加、宽展减小，延伸变形增加，在 α、f 不变的情况下，前、后滑都应增加。而在宽度大于一定值后，宽度增加、宽展不变，延伸也为定值，在 γ/α 值不变时，前滑值也不变。

3.4.5.6　张力对前滑的影响

实验证明：前张力增加时，前滑增加、后滑减小；后张力增加时，后滑增加、前滑减小。

因为前张力增加时，金属向前流动的阻力减小，前滑区增大；而后张力增加，使中性角减小（即前滑区减小），故前滑值减小。图 3-40 还可看出张力对前滑值和后滑值的影响规律。

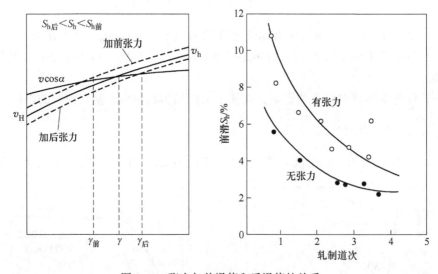

图 3-40　张力与前滑值和后滑值的关系

3.5　连续轧制中的前滑及有关工艺参数的确定

连续轧制在轧钢生产中所占的比重日益增大，在大力发展连轧生产的同时，对连轧的基本理论也应加以探讨，下面围绕工艺设计方面所必要的参数进行一定的探讨。

3.5.1　连轧关系和连轧常数

如图 3-41 所示，连轧机各机架顺序排列，轧件同时通过数架轧机进行轧制，各个机架通过轧件相互联系，从而使轧制的变形条件、运动学条件和力学条件等都具有一系列的特点。

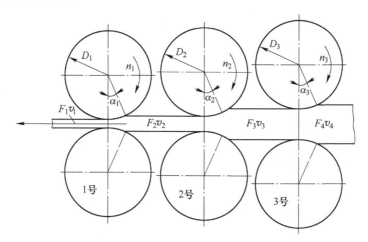

图 3-41 连续轧制时各机架与轧件的关系示意图

连续轧制时，随着轧件断面的压缩轧制其轧制速度递增，保持正常轧制的条件是轧件在轧制线上每一机架的秒流量必须保持相等。

$$F_1 v_1 = F_2 v_2 = \cdots = F_n v_n \tag{3-66}$$

式中，1，2，…，n 为逆轧制方向的轧机序号；F_1，F_2，…，F_n 为轧件通过各机架时的轧件断面积；v_1，v_2，…，v_n 为轧件通过各机架时的轧制速度；$F_1 v_1$，$F_2 v_2$，…，$F_n v_n$ 为轧件在各机架轧制时的秒流量。

为简化起见，已知：$V_1 = \dfrac{\pi D_1 n_1}{60}$，$V_2 = \dfrac{\pi D_2 n_2}{60}$，…，$V_n = \dfrac{\pi D_n n_n}{60}$ 代入式（3-66）可得：

$$F_1 D_1 n_1 = F_2 D_2 n_2 = \cdots = F_n D_n n_n \tag{3-67}$$

式中，D_1，D_2，…，D_n 为各机架的轧辊工作直径；n_1，n_2，…，n_n 为各机架的轧辊转速。

为简化公式，以 C_1，C_2，…，C_n 代表各机架轧件的秒流量，即

$$F_1 D_1 n_1 = C_1, \quad D_2 n_2 = C_2, \quad \cdots, \quad F_n D_n n_n = C_n \tag{3-68}$$

将式（3-68）代入式（3-67）可得：

$$C_1 = C_2 = \cdots = C_n \tag{3-69}$$

轧件在各机架轧制时的秒流量相等，即为一个常数，这个常数称为连轧常数。以 C 代表连轧常数时，则：

$$C_1 = C_2 = \cdots = C_n = C \tag{3-70}$$

3.5.2 前滑系数和前滑值

前已述及，轧辊的线速度与轧件离开轧辊的速度，由于有前滑的存在实际上

是有差异的，即轧件离开轧辊的速度大于轧辊的线速度。前滑的大小以前滑系数和前滑值来表示，其计算式为：

$$\overline{S_1} = \frac{v_1'}{v_1}, \ \overline{S_2} = \frac{v_2'}{v_2}, \ \cdots, \ \overline{S_n} = \frac{v_n'}{v_n} \tag{3-71}$$

$$S_{h1} = \frac{v_1' - v_1}{v_1} = \frac{v_1'}{v_1} - 1 = \overline{S_1} - 1, \ S_{h2} = \overline{S_2} - 1, \ \cdots, \ S_{hn} = \overline{S_n} - 1 \tag{3-72}$$

式中，$\overline{S_1}$，$\overline{S_2}$，$\cdots$，$\overline{S_n}$ 为轧件在各机架的前滑系数；v_1'，v'_2，$\cdots$，v_n' 为轧件实际从各机架离开轧辊的速度；v_1，v_2，$\cdots$，v_n 为各机架的轧辊线速度；S_{h1}，S_{h2}，$\cdots$，S_{hn} 为各机架的前滑值。

考虑到前滑的存在，则轧件在各机架轧制时的秒流量为：

$$F_1 v_1' = F_2 v_2' = \cdots = F_n v_n' \tag{3-73}$$

及

$$F_1 v_1 \overline{S_1} = F_2 v_2 \overline{S_2} = \cdots = F_n v_n \overline{S_n} \tag{3-74}$$

所以式（3-67）和式（3-71）相应成为：

$$F_1 D_1 n_1 \overline{S_1} = F_2 D_2 n_2 \overline{S_2} = \cdots = F_n D_n n_n \overline{S_n} \tag{3-75}$$

$$C_1 \overline{S_1} = C_2 \overline{S_2} = \cdots = C_n \overline{S_n} = C' \tag{3-76}$$

式中，C' 为考虑前滑后的连轧常数。

在孔型中轧制时，前滑值常取平均值，其计算式为：

$$\overline{\gamma} = \frac{\overline{\alpha}}{2} \left(1 - \frac{\overline{\alpha}}{2\beta} \right) \tag{3-77}$$

$$\cos\overline{\alpha} = \frac{\overline{D} - (\overline{H} - \overline{h})}{\overline{D}} \tag{3-78}$$

$$\overline{S_h} = \frac{\cos\overline{\gamma} \left[\overline{D}(1 - \cos\overline{\gamma}) + \overline{h} \right]}{\overline{h}} - 1 \tag{3-79}$$

式中，$\overline{\gamma}$ 为变形区中性角的平均值；$\overline{\alpha}$ 为咬入角的平均值；β 为摩擦角，一般为 21°~27°；$\overline{D}$ 为轧辊工作直径的平均值；$\overline{H}$ 为轧件轧前高度的平均值；$\overline{h}$ 为轧件轧后高度的平均值；$\overline{S_h}$ 为轧件在任意机架的平均前滑值。

3.6 轧制压力

3.6.1 轧制压力的概念

3.6.1.1 轧制压力的概念

轧制过程中通常把金属给轧辊的总压力称为轧制压力或轧制力。

3.6.1.2 研究轧制压力的意义

研究单位压力在接触弧上的分布规律，对于从理论上正确确定金属轧制时的轧制参数——轧制力、传动轧辊的转矩和功率具有重大意义。因为计算轧辊及工作机架的主要零件的强度和计算传动轧辊所需的转矩及电机功率，一定要了解金属作用在轧辊上的总压力，而金属作用在轧辊上的总压力大小及其合力作用点位置完全取决于单位压力值及其分布特征。

通过研究和计算轧制压力，能够解决轧钢设备的强度校核、主电机容量选择或校核、制订合理的轧制工艺规程，实现轧制生产过程自动化等。

3.6.1.3 轧制压力的确定方法

确定平均单位压力的方法，归结起来有如下三种：

（1）理论计算法。它是建立在理论分析基础之上，用计算公式确定单位压力。通常，都要首先确定变形区内单位压力分布形式及大小，然后再计算平均单位压力。

（2）实测法。即在轧钢机上放置专门设计的压力传感器，将压力信号转换成电信号，通过放大或直接送往测量仪表将其记录下来，获得实测的轧制压力资料。用实测的轧制总压力除以接触面积，便求出平均单位压力。

（3）经验公式和图表法。根据大量的实测统计资料，进行一定的数学处理，抓住一些主要影响因素，建立经验公式或图表。

目前，上述方法在确定平均单位压力时都得到广泛的应用，它们各有优缺点，理论方法虽然是一种较好的方法，但理论计算公式目前尚有一定局限性，还没有建立起包括各种轧制方式、条件和钢种的高精度公式，因而应用起来比较困难，并且计算烦琐。而实测方法若在相同的实验条件下应用，可以得到较为满意的结果，但它又受到实验条件的限制。总之，目前计算平均单位压力的公式很多，参数选用各异，而各公式又都具有一定的适用范围。因此计算平均单位压力时，根据不同情况上述方法都可采用。

3.6.1.4 轧制过程中受力分析

轧制时轧辊对轧件的作用力为一不均匀分布的载荷，但为了研究方便，假定在轧件上作用着的载荷均匀分布，其载荷强度为整个变形区接触的平均单位压力 p，此时可用合力 p' 来代替，合力的作用点在接触弧的中点 C 和 D，按照简单轧制条件绘出，如图 3-42 所示。由于轧件上仅作用着上下轧辊给予的作用力 p_1' 和 p_2'，因此根据力的平衡条件，p_1' 和 p_2' 为大小相等、方向相反、作用在 CD 直线上的一对平衡力。在简单轧制的情况下，CD 与两轧辊连心线 O_1O_2 平行。

根据作用力与反作用力定律，轧件作用在上下辊上的力 p_1 和 p_2 如图 3-42 所示，即为轧制力。

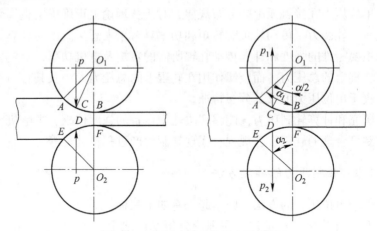

图 3-42 轧制过程中的受力示意图

3.6.2 轧制过程中接触面积的计算

3.6.2.1 轧制压力的计算公式

金属轧制过程中，决定轧制压力的基本因素：一是平均单位压力 $\bar{p}$，二是轧件与轧辊的接触面积 F。

轧制压力 p 与平均单位轧制压力 $\bar{p}$ 及接触面积之间的关系为：

$$p = \bar{p}F \tag{3-80}$$

式中，$\bar{p}$ 为金属对轧辊的（垂直）平均单位压力；F 为轧件与轧辊接触面积的水平投影，简称接触面积。

3.6.2.2 接触面积的确定

A 在平辊上轧制矩形断面轧件时的接触面积

（1）简单轧制条件下接触面积的计算公式为：

$$F = \bar{B} \cdot l \tag{3-81}$$

式中，$\bar{B}$ 为平均宽度，$\bar{B} = (B + b)/2$；l 为变形区长度，$l = \sqrt{R\Delta h}$。

以下分为两种情况讨论：

1）当上下工作辊径相同时，其接触面积可用下式确定：

$$F = \frac{B + b}{2}\sqrt{R\Delta h} \tag{3-82}$$

2）当上下工作辊径不等时，其接触面积可用下式确定：

$$F = \frac{B+b}{2}\sqrt{\frac{2R_1R_2}{R_1+R_2}\Delta h} \tag{3-83}$$

式中，R_1、R_2 为上下轧辊工作半径。

（2）考虑轧辊弹性压扁时的接触面积计算。在冷轧板带和热轧薄板时，由于轧辊承受的高压作用，轧辊产生局部的压缩变形，此变形可能很大，尤其是在冷轧板带时更为显著。轧辊的弹性压缩变形一般称为轧辊的弹性压扁，轧辊弹性压扁的结果使接触弧长度增加，如图 3-43 所示。

若忽略轧件的弹性变形，根据两个圆柱体弹性压扁的公式推得：

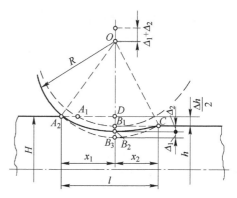

图 3-43 冷轧板带钢时的金属变形区

$$l' = x_1 + x_2 = \sqrt{R\Delta h + x_2^2} + x_2 = \sqrt{R\Delta h + (c\bar{p}R)^2} + c\bar{p}R \tag{3-84}$$

式中，c 为系数，$c = \dfrac{8(1-\nu^2)}{\pi E}$，对钢轧辊，弹性模数 $E = 2.156 \times 10^5\,\mathrm{N/mm^2}$，泊松系数 $\nu = 0.3$，则 $c = 1.075 \times 10^5\,\mathrm{mm^2/N}$；$\bar{p}$ 为平均单位压力；$\mathrm{N/mm^2}$；R 为轧辊半径，mm。

B 在孔型中轧制时接触面积的确定

在孔型中轧制时，由于轧辊上刻有孔型，轧件进入变形区和轧辊接触是不同时的，压下也是不均匀的。在这种情况下可用图解法或近似公式来确定。下面介绍近似公式计算法。

在孔型中轧制时，其接触面积可用下式确定：

$$F = \frac{B+b}{2}\sqrt{R\Delta h} \tag{3-85}$$

注意：压下量 Δh 和轧辊半径 R 应为平均值 $\overline{\Delta h}$ 和 $\overline{R}$。

对菱形、方形、椭圆和圆孔型进行计算时，如图 3-44 所示，可采用下列经验公式计算：

（1）菱形轧件进菱形孔型，如图 3-44（a）所示：

$$\overline{\Delta h} = (0.55 \sim 0.6)(H-h)$$

（2）方形轧件进椭圆孔型，如图 3-44（b）所示：

$$\overline{\Delta h} = H - 0.7h\,（适用于扁椭圆）$$

$$\overline{\Delta h} = H - 0.85h\,（适用于圆椭圆）$$

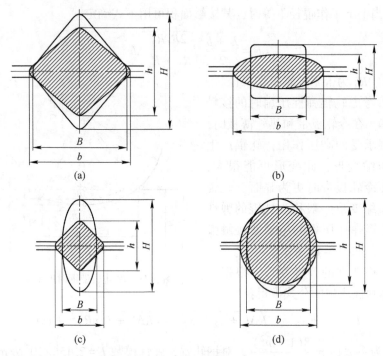

图 3-44 在孔型中轧制的压下量

(a) 菱形轧件进菱形孔型；(b) 方形轧件进椭圆孔型；(c) 椭圆轧件进方孔型；(d) 椭圆轧件进圆孔型

(3) 椭圆轧件进方孔型，如图 3-44 (c) 所示：

$$\overline{\Delta h} = (0.65 \sim 0.7) H - (0.55 \sim 0.6) h$$

(4) 椭圆轧件进圆孔型，如图 3-44 (d) 所示：

$$\overline{\Delta h} = 0.85H - 0.79h$$

(5) 为了计算延伸孔型的接触面积，可用下列近似公式。

1) 由椭圆轧成方形：$F = 0.75B_h \sqrt{R(H - h)}$

2) 由方形轧成椭圆：$F = 0.54(B_H + B_h) \sqrt{R(H - h)}$

3) 由菱形轧成菱形或方形：$F = 0.67B_h \sqrt{R(H - h)}$

式中，H、h 分别为在孔型中央位置的轧制前、后轧件断面的高度；B_H、B_h 分别为轧制前、后轧件断面的最大宽度；R 为孔型中央位置的轧辊半径。

3.6.3 平均单位压力的计算

3.6.3.1 采利柯夫公式

A 计算表达式

平均单位压力决定于被轧制金属的变形抗力和变形区的应力状态

$$\overline{p} = m \cdot n_\sigma \cdot \sigma_s \tag{3-86}$$

式中，m 为考虑中间主应力的影响系数，在 $1 \sim 1.15$ 范围内变化，若忽略宽展，认为轧件产生平面变形，则 $m = 1.15$；n_σ 为应力状态系数；σ_s 为被轧金属的屈服强度。

（1）应力状态系数的确定。应力状态系数 n_σ 决定于被轧金属在变形区内的应力状态。影响应力状态的因素有外摩擦、外端、张力等，因此应力状态系数可写成：

$$n_\sigma = n'_\sigma \cdot n''_\sigma \cdot n'''_\sigma \tag{3-87}$$

式中，n'_σ 为考虑外摩擦影响的系数；n''_σ 为考虑外端影响的系数；n'''_σ 为考虑张力影响的系数。

（2）平面变形抗力的确定。平面变形条件下的变形抗力称平面变形抗力，用 K 表示：

$$K = 1.15\sigma_s \tag{3-88}$$

此时的平均单位压力计算公式为：

$$\overline{p} = n_\sigma K \tag{3-89}$$

B　外摩擦影响系数 n'_σ 的确定

$$n'_\sigma = \frac{2(1-\varepsilon)}{\varepsilon(\delta-1)} \frac{h_\gamma}{h} \left(\frac{h_\gamma}{h} - 1 \right) \tag{3-90}$$

式中，ε 为本道次变形程度，$\varepsilon = \Delta h / H$；$\delta$ 为系数，$\delta = 2fl/\Delta h$，$l = \sqrt{R\Delta h}$。

为简化计算，将 n'_σ 与 δ、ε 的函数关系作成曲线，如图 3-45 所示。从图中可以看出，当 ε、f、D 增加时，平均单位压力急剧增大。

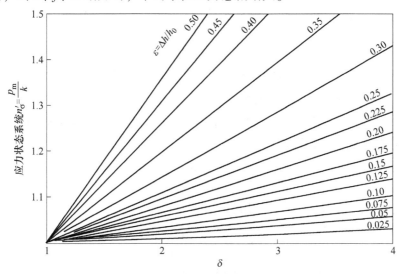

图 3-45　n'_σ 与 δ、ε 的函数关系图

C　外端影响系数 n''_σ 的确定

外端影响系数 n''_σ 的确定是比较困难的，因为外端对单位压力的影响是很复杂的。在一般轧制板带的情况下，外端影响可忽略不计。实验研究表明，当变形区 $l/\bar{h} > 1$ 时，n''_σ 接近于 1，如在 $l/\bar{h} = 1.5$ 时，n''_σ 不超过 1.04，而在 $l/\bar{h} = 5$ 时，n''_σ 不超过 1.005。因此，在轧板带时，计算平均单位压力可取 $n''_\sigma = 1$，即不考虑外端的影响。

实验研究表明，对于轧制厚件，由于外端存在使轧件的表面变形引起的附加应力而使单位压力增大，故对于厚件当 $0.5 < l/\bar{h} < 1$ 时，可用经验公式计算 n''_σ 值，即

$$n''_\sigma = \left(\frac{l}{\bar{h}}\right)^{-0.4} \tag{3-91}$$

在孔型中轧制时，外端对平均单位压力的影响性质不变，可按图 3-46 上的实验曲线查找。

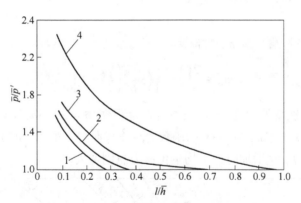

图 3-46　$l/\bar{h}$ 对 n''_σ 的影响

1—方形断面轧件；2—圆形断面；3—菱形轧件；4　矩形轧件

D　张力影响系数 n'''_σ 的确定

当轧件前后张力较大时，如冷轧带钢，必须考虑张力对单位压力的影响。张力影响系数可用下式计算：

$$n'''_\sigma = 1 - \frac{\delta}{2K}\left(\frac{q_H}{\delta - 1} + \frac{q_h}{\delta - 1}\right) \tag{3-92}$$

在 $\delta = 2fl/\Delta h \geq 10$ 时，上式可近似为：

$$n'''_\sigma \approx 1 - \frac{q_H + q_h}{2K} \tag{3-93}$$

式中，q_H，q_h 分别为作用在轧件上的前、后张力，即

$$q_h = \frac{Q_h}{bh}, \quad q_H = \frac{Q_H}{BH}$$

式中，Q_h、Q_H 分别为作用在轧件上的前、后张力；B、H 分别为轧件轧制前的宽度和厚度；b, h 分别为轧后的宽度和厚度；K 为平面变形抗力。

当轧件无纵向外力作用时，$n_\sigma''' = 1$，如纵向外力为推力时，Q_h、Q_H 取负值。

采利柯夫公式可用于热轧，也可用于冷轧；可用于薄件轧制，也可用于厚件轧制。

3.6.3.2 艾克隆德公式

（1）计算表达式：

$$\bar{p} = (1 + m)(K + \eta \cdot \bar{\dot{\varepsilon}}) \tag{3-94}$$

式中，（$1 + m$）为考虑外摩擦影响的系数；K 为平面变形抗力，N/mm^2；η 为金属的黏度，$N \cdot s/mm^2$；$\bar{\dot{\varepsilon}}$ 为轧制时的平均变形速度，s^{-1}。

式（3-94）中以乘积 $\eta \cdot \bar{\dot{\varepsilon}}$ 考虑轧制速度对变形抗力的影响。

（2）公式中各项的计算：

$$m = \frac{1.6f\sqrt{R\Delta h} - 1.2\Delta h}{H + h} \tag{3-95}$$

式中，f 为摩擦系数。

$$K = (137 - 0.098t)(1.4 + w(C) + w(Mn) + 0.3w(Cr)) \tag{3-96}$$

式中，$w(C)$、$w(Mn)$、$w(Cr)$ 分别为钢中碳、锰、铬的质量分数，%；t 为轧制温度，℃。

$$\eta = 0.01(137 - 0.098t) \cdot c' \tag{3-97}$$

式中，c' 为轧制速度对 η 的影响系数，其数值见表3-8。

$$\bar{\dot{\varepsilon}} = \frac{2v\sqrt{\dfrac{\Delta h}{R}}}{H + h} \tag{3-98}$$

表 3-8 不同轧制速度对应的系数 c' 的数值

轧制速度/$m \cdot s^{-1}$	<6	6~10	10~15	15~20
系数 c'	1	0.8	0.65	0.6

（3）艾克隆德公式特点。艾克隆德公式是用于计算热轧时平均单位压力的半经验公式，计算热轧低碳钢钢坯及型钢的轧制压力有比较正确的结果。但对轧制钢板和异型钢材，则不宜使用。

3.6.4　影响轧制压力的因素

（1）轧件材质的影响。轧件材质不同，变形抗力也不同。含碳量高或合金成分高的材料，因其变形抗力大，轧制时单位变形抗力也大，轧制力也就大。

（2）轧件温度的影响。所有金属都有一个共同的特点，即其屈服点随着温度的升高而下降，因为温度升高后，金属原子的热振动加强、振幅增大，在外力作用下更容易离开原来的位置发生滑移变形，所以温度升高时，其屈服点即下降。在高温时，由于不断产生加工硬化，因此金属的屈服点和抗拉强度值是相同的，即 $\sigma_s = \sigma_b$。此外，温度高于900℃以后，含碳量的多少，对屈服点不产生影响。

轧制温度对碳素钢轧制力的影响不是一条曲线所能表达清楚的。轧制温度高，一般来说轧制力小，但仔细来说，在整个温度区域中，200~400℃时轧制力随温度升高而下降，400~600℃时轧制力随温度升高而升高，600~1300℃时轧制力随温度升高而下降。

（3）变形速度的影响。根据一些实验曲线可以得出，低碳钢在400℃以下冷轧时，变形速度对抗拉强度影响不大，而在热轧时却影响极大，型钢热轧时变形速度一般在 $10~100s^{-1}$ 之间，与静载变形（变形速度为 $10^{-4}s^{-1}$）相比，屈服点高出5~7倍。因此，热轧时，随轧制速度增加变形抗力有所增加，平均单位压力将增加，故轧制力增加。

（4）外摩擦的影响。轧辊与轧件间的摩擦力越大，轧制时金属流动阻力越大，单位压力越大，需要的轧制力也越大。在表面光滑的轧辊上轧制比表面粗糙的轧辊上轧制时所需要的轧制力小。

（5）轧辊直径的影响。轧辊直径对轧制压力的影响通过两方面起作用。一方面，当轧辊直径增大，变形区长度增长，接触面积增大，导致轧制力增大；另一方面，由于变形区长度增大，金属流动摩擦阻力增大，则单位压力增大，所以轧制力也增大。

（6）轧件宽度的影响。轧件越宽对轧制力的影响也越大，接触面积增加，轧制力增大，轧件宽度对单位压力的影响一般是宽度增大，单位压力增大，但当宽度增大到一定程度以后，单位压力不再受轧件宽度的影响。

（7）压下率的影响。压下率越大，轧辊与轧件接触面积越大，轧制力越大；同时随着压下量的增加，平均单位压力也增大，轧制力增大。

（8）前后张力的影响。轧制时对轧件施加前张力或后张力，均使变形抗力降低。若同时施加前后张力，变形抗力将降低更多，前后张力的影响是通过减小轧制时纵向主应力，从而减弱三向应力状态，使变形抗力减小。

3.7 轧制力矩分析及计算

3.7.1 辊系受力分析与轧制力矩

3.7.1.1 简单轧制过程

简单轧制情况下，作用于轧辊上的合力方向，如图 3-47 所示，即轧件给轧辊的合压力 p 的方向与两轧辊连心线平行，上下辊之力 p 大小相等、方向相反。

（1）转动一个轧辊所需力矩，应为力 p 和它对轧辊轴线力臂的乘积，即：

$$M_1 = p \cdot a \qquad (3\text{-}99)$$

或

$$M_1 = p\,\frac{D}{2}\sin\varphi \qquad (3\text{-}100)$$

式中，φ 为合压力 p 作用点对应的圆心角；a 为力臂，$a = \dfrac{D}{2}\sin\varphi$。

（2）转动两个轧辊所需的力矩为：

$$M_Z = 2p \cdot a \qquad (3\text{-}101)$$

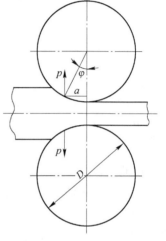

图 3-47　简单轧制条件下受力图

如果要考虑轧辊轴承中不可避免的摩擦损失时，转动轧辊所需的力矩将会增大。其值为：

$$M = 2p(a + \rho) \ \text{或} \ M = p(D\sin\varphi + f_1 D)$$
$$(3\text{-}102)$$

式中，ρ 为摩擦力臂；D 为轧辊辊径直径；f_1 为轧辊轴承中的摩擦系数。

3.7.1.2 单辊驱动的轧制过程

单辊驱动，如图 3-48 所示，通常用于叠轧薄板轧机。此外，当二辊驱动轧制时，一个轧辊的传动轴损坏，或者两辊单独驱动，其中一个电机发生故障时都可能产生这种情况。

上、下轧辊在轧制过程中处于匀速运动，显然轧件给上轧辊的合力 p_1 应与给下轧辊的合力 p_2 相互平衡。这种平衡只有当 p_1 与 p_2 的大小

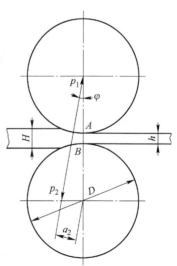

图 3-48　单辊驱动轧制示意图

相等、方向相反且在同一直线上的情况下才有可能。

如果只有一个轧辊被驱动，而另一个轧辊仅靠轧件或与轧辊间的摩擦力转动，则轧件给轧辊的两个合压力彼此相等（$p_1 = p_2 = p$），并且在一条直线上，但直线并非垂直方向。被动辊上的合力方向指向其轴心，主动辊上的合力方向则通过被动辊中心及金属给轧辊的合压力作用点的直线上。因此，上轧辊的力臂 $a_1 = 0$，故 $M_1 = 0$。

下轧辊，即主动辊，其转动所需之力矩等于力 p 与力臂 a_2 的乘积，即

$$M_2 = pa_2 \quad 或 \quad M_2 = p(D + h)\sin\varphi \tag{3-103}$$

3.7.1.3 具有张力作用时的轧制过程

假定在轧件入口及出口处作用有张力 Q_H、Q_h，如图 3-49 所示。如果前张力 Q_h 大于后张力 Q_H，此时作用于轧件上的所有力为了达到平衡，轧辊对轧件合压力的水平分量之和必须等于两个张力之差，即

$$2p\sin\theta = Q_h - Q_H \tag{3-104}$$

由此可以看出，在轧件上作用有张力轧制时，只有当 $Q_H = Q_h$ 时，轧件给轧辊的合压力 p 才是垂直的，在大多数情况下 $Q_h \neq Q_H$，因而合压力的水平分量不可能为零。当 $Q_h > Q_H$ 时，轧件给轧辊的合压力 p 朝轧制方向偏斜一个 θ 角，如图 3-49（a）所示；当 $Q_h < Q_H$ 时，则 p 力向轧制的反方向偏斜一个 θ 角，如图 3-49（b）所示。此时有：

$$\theta = \arcsin\frac{Q_h - Q_H}{2P} \tag{3-105}$$

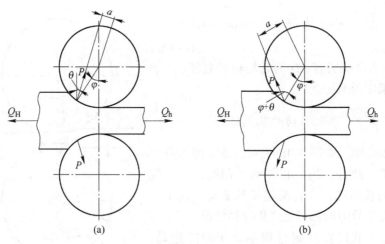

图 3-49 带张力轧制受力示意图

（a）$Q_h > Q_H$ 时轧辊受力图；（b）$Q_h < Q_H$ 时轧辊受力图

可以看出，此时（即当 $Q_h > Q_H$ 时），转动两个轧辊所需力矩（轧制力矩）为：

$$M = 2pa = pD\sin(\varphi - \theta) \tag{3-106}$$

3.7.1.4 四辊轧机轧制过程

四辊式轧机辊系受力情况有两种，即由电动机驱动两个工作辊或由电动机驱动两个支撑辊。下面仅研究驱动两个工作辊的受力情况。

如图 3-50 所示，工作辊要克服下列力矩才能转动。首先为轧制力矩，它与二辊式情况下完全相同，是以总压力 p 与力臂 a 之乘积确定，即 pa。

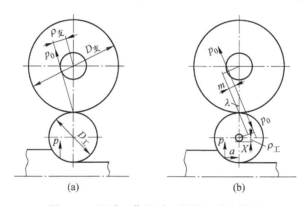

图 3-50 驱动工作辊时四辊轧机受力情况

（a）忽略滚动摩擦时轧辊受力分析图；（b）考虑滚动摩擦时轧辊受力分析图

其次为使支撑辊转动所需施加的力矩，因为支撑辊是不驱动的，工作辊给支撑辊的合压力 p_0 应与其轴承摩擦圆相切，以便平衡与同一圆相切的轴承反作用力。如果忽略滚动摩擦，可以认为 p_0 的作用点在两轧辊的连心线上，如图 3-50（a）所示；当考虑滚动摩擦时，力 p_0 的作用点将离开两轧辊的连心线，并向轧件运动方向移动一个滚动摩擦力臂 m 的数值，如图 3-50（b）所示。

令支撑辊转动的力矩为 $p_0 a_0$，而

$$a_0 = \frac{D_\text{工}}{2}\sin\lambda + m$$

式中，$D_\text{工}$ 为工作轧辊辊身直径；λ 为 p_0 力与轧辊连心线之间的夹角；m 为滚动摩擦力臂，一般 $m = 0.1 \sim 0.3\text{mm}$。

$$\sin\lambda = \frac{\rho_\text{支} + m}{\dfrac{D_\text{支}}{2}}$$

式中，$D_\text{支}$ 为支撑辊辊身直径；$\rho_\text{支}$ 为支撑辊轴承摩擦圆半径。

所以：

$$p_0 a_0 = p_0 \left(\frac{D_支}{2} \sin\lambda + m \right) = p_0 \left[\frac{D_工}{D_支} \rho_支 + m \left(1 + \frac{D_工}{D_支} \right) \right] \qquad (3\text{-}107)$$

式（3-107）中的第一项相当于支撑辊轴承中的摩擦损失，第二项是工作辊沿支撑辊滚动的摩擦损失。

另外，消耗在工作辊轴承中的摩擦力矩为工作辊轴承反力 X 与工作辊摩擦圆半径 $\rho_工$ 的乘积。因为工作辊靠在支撑辊上，且其轴承具有垂直的导向装置，轴承反力应是水平方向的，以 X 表示。

从工作辊的平衡条件考虑，p、p_0 和 X 三力之间的关系可用力三角形图示确定出来，即

$$p_0 = \frac{p}{\cos\lambda}$$

$$X = p\tan\lambda$$

显然，要使工作辊转动，施加的力矩必须克服上述三方面的力矩，即

$$M = pa + p_0 a_0 + X\rho_工 \qquad (3\text{-}108)$$

3.7.2 轧制时传递到主电机上的各种力矩

3.7.2.1 轧制时的各种力矩组成

（1）轧制力矩 M_Z。为克服轧件的变形抗力及轧件与辊面间的摩擦所需的力矩。

（2）附加摩擦力矩 M_f。由两部分所组成：

1）M_{f1} 为在轧制压力作用下，发生于辊颈轴承中的附加摩擦力矩。

2）M_{f2}、M_{f3}、… 为轧制时由于机械效率的影响，在机列中所损失的力矩。

（3）空转力矩 M_k。轧机空转时间内的摩擦损失。

（4）动力矩 M_d。克服轧辊及机架不均匀转动时的惯性力所需的力矩，对不带飞轮或轧制时不进行调速的轧机，$M_d = 0$。此时，电动机所输出的力矩为：

$$M_电 = \frac{M_Z}{i} + M_f + M_k + M_d \qquad (3\text{-}109)$$

式中，i 为传动装置的减速比。

3.7.2.2 静力矩 M_j 与轧制效率 η

（1）静力矩 M_j。主电机轴上的轧制力矩、附加摩擦力矩与空转力矩三项之和称为静力矩 M_j。

M_k 与 M_f 为已归并到主机轴上的力矩。M_Z 则为轧辊轴线上的力矩，若换算到

电机轴上，需除以减速比 i，即

$$M_j = \frac{M_Z}{i} + M_f + M_k \tag{3-110}$$

（2）轧制效率 η。轧制力矩直接用于使金属产生塑性变形，可认为是有用的力矩，而附加摩擦力矩和空转力矩皆为伴随轧制过程而发生的不可避免的损失。

轧制力矩（换算到主电机轴上的）与静力矩之比，称为轧制效率，即

$$\eta = \frac{\dfrac{M_Z}{i}}{\dfrac{M_Z}{i} + M_f + M_k} \tag{3-111}$$

η 通常约为 $0.5 \sim 0.95$。

3.7.3 轧制时各种力矩的计算

3.7.3.1 轧制力矩的计算

（1）按金属对轧辊的作用力计算轧制力矩。简单轧制条件下，轧辊轴线上的轧制力矩应为：

$$M_Z = 2pa$$

或

$$M_Z = pD\sin\varphi \tag{3-112}$$

式中，a 为轧制力 p 与轧辊中心连线 O_1O_2 间距离，即轧制力臂；φ 为轧制压力作用点与连线 O_1O_2 所夹之圆心角。

如换算到主电机轴上，则需除以减速比 i。

上述圆心角 φ 与咬入角 α 的比值，称为轧制力作用位置系数 ψ，为简化轧制力臂的计算，通常近似认为：

$$\psi = \frac{\varphi}{\alpha} \approx \frac{a}{l}$$

故

$$a = \varphi \cdot l = \varphi\sqrt{R\Delta h} \tag{3-113}$$

将式（3-113）代入式（3-112）可得到：

$$M_Z = 2P\psi\sqrt{R\Delta h} \quad \text{或} \quad M_Z = 2\psi\bar{p} \cdot \bar{b} \cdot R\Delta h \tag{3-114}$$

其中，轧制作用位置系数 ψ 可根据实际轧制情况查表 3-9 和表 3-10。

（2）按能耗曲线确定轧制力矩。根据实测数据，按轧材在各轧制道次后得到的总延伸系数和 1t 轧件由该道次轧出后累积消耗的轧制能量所建立的曲线，称为能耗曲线。

表 3-9　热轧时轧制条件与位置系数 ψ 的关系

轧制条件	位置系数 ψ
热轧厚度较大时	0.5
热轧薄板	0.42~0.45
热轧方断面	0.5
热轧圆断面	0.6
在闭口孔型中轧制	0.7
在连续式板带轧机的第一架轧机上	0.48
在连续式板带轧机的最后一架轧机上	0.39

表 3-10　冷轧时轧制条件与位置系数 ψ 的关系

轧件材质		厚度 H/mm	轧辊表面状态	位置系数 ψ
碳钢	$w(C)=0.2\%$	2.54	磨光表面	0.40
	$w(C)=0.2\%$	2.54	普通光表面	0.32
	$w(C)=0.2\%$	2.54	普通光表面无润滑	0.33
	$w(C)=0.11\%$	1.88	磨光表面	0.36
	$w(C)=0.07\%$	1.65	磨光表面	0.35
高强度钢		2.54	磨光表面	0.40
高强度钢		1.27	普通光表面	0.32

轧制所消耗的功 $A(\mathrm{kW \cdot s})$ 与轧制力矩 M 之间的关系为:

$$M = \frac{A}{\theta} = \frac{A}{\omega \cdot t} = \frac{AR}{vt} \tag{3-115}$$

式中, θ 为轧件通过轧辊期间轧辊的转角。

$$\theta = \omega \cdot t = \frac{v}{R}t \tag{3-116}$$

式中, ω 为角速度; t 为时间; R 为轧辊半径; v 为轧辊圆周速度。

利用能耗曲线确定轧制力矩, 对于型钢和钢坯等轧制其单位能耗曲线一般表示为每吨产品的能耗与累积延伸系数的关系, 如图 3-51 所示。而对于板带材轧制一般表示为每吨产品的能量消耗与板带厚度的关系, 如图 3-52 所示。第 $n+1$ 道次的单位能耗为 $(a_{n+1} - a_n)$, 如轧件重量为 $G(\mathrm{N})$, 则该道次之总能耗 $(\mathrm{kW \cdot h})$ 为:

$$A = (a_{n+1} - a_n)G \tag{3-117}$$

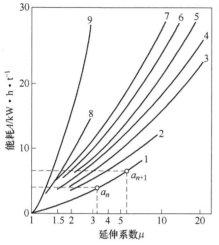

图 3-51　开坯、型钢和钢管轧机的
典型能耗曲线

1—1150 板坯机；2—1150 初轧机；

3—250 线材连轧机；4—350 布棋式中轧机；

5—700/500 钢坯连轧机；6—750 轨梁轧机；

7—500 大型轧机；8—250 自动轧管机；

9—250 穿孔机

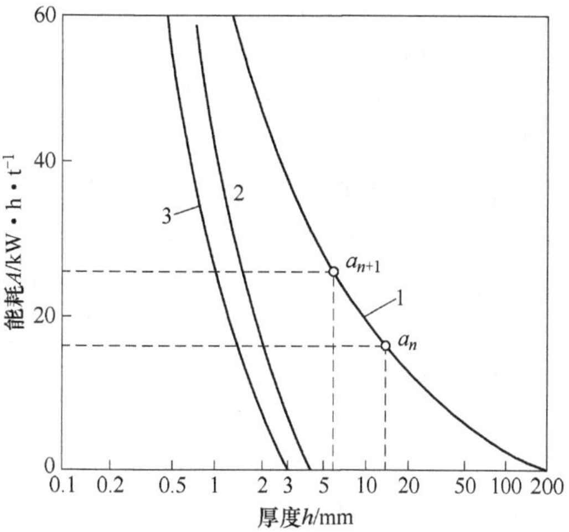

图 3-52　板带钢轧机的典型能耗曲线
1—1700 连轧机；2—三机架冷连轧低碳钢；
3—五机架冷连轧铁皮

因为轧制时的能量消耗一般是按电机负荷测量的，故按上述曲线确定的能耗包括轧辊轴承及传动机构中的附加摩擦损耗。但除去了轧机的空转损耗，并且不包括与动力矩相对应的动负荷的能耗。因此，按能量消耗确定的力矩是轧制力矩 M_Z 和附加摩擦力矩 M_f 之总和。故：

$$\frac{M_Z}{i} + M_f = 1.8(a_{n+1} - a_n)(1 + S_h)G \cdot \frac{D}{L_1} \ (\text{MN} \cdot \text{m}) \tag{3-118}$$

如果用轧件断面积和密度来表示 G/L_1 值时，且取钢的密度 $\gamma = 7.8\text{t/m}^3$，在忽略前滑 S_h 的影响时，则上式可改写为：

$$\frac{M_Z}{i} + M_f = 1.323(a_{n+1} - a_n)F_n \cdot D \ (\text{MN} \cdot \text{m}) \tag{3-119}$$

式中，F_n 为该道次轧后的轧件断面积，m^2。

需要注意的是，能耗曲线是在一定轧机、一定温度和一定速度条件下，对一定规格的产品和钢种测得的。因此，在实际计算时，必须根据具体的轧制条件选取合适的曲线。

3.7.3.2　附加摩擦力矩的计算

当主机列仅有一架轧机时，每一道轧制过程中的各种附加摩擦力矩，按设备顺序将由以下5部分组成：M_{f1}——发生于辊颈轴承中的附加摩擦力矩；M_{f2}——发生于主联接轴中的附加摩擦力矩；M_{f3}——发生于齿轮机座中的附加摩擦力矩；M_{f4}——发生于减速箱中的附加摩擦力矩；M_{f5}——发生于主电机联接器中的附加摩擦力矩。

各种附加摩擦力矩的计算方法如下：

（1）轧辊轴承中的摩擦力矩。对于普通二辊式轧机，M_{f1} 为每一轧制道次中，主电机所必须克服的发生于四个轧辊轴承中的附加摩擦力矩。其值为：

$$M_{f1} = p \cdot d \cdot f_1 \tag{3-120}$$

对于四辊轧机，其附加摩擦力矩应为：

$$M_{f1} = p \cdot d \cdot f \frac{D}{D'} \tag{3-121}$$

式中，d 为轧辊的辊颈直径；f 为轧辊轴承中的摩擦系数，见表3-11；p 为轧制压力；D/D' 为工作辊与支撑辊的辊径比。

表 3-11 轧辊轴承摩擦系数

轴承类型	摩擦系数 f
金属瓦轴承热轧时	0.07~0.10
金属瓦轴承冷轧时	0.05~0.07
树脂轴瓦（胶木瓦）	0.01~0.03
滚动轴承	0.005~0.01
液体摩擦轴承	0.003~0.005

（2）传动机构中的摩擦力矩。$M_{f2} + M_{f3} + M_{f4}$ 为传动系统中所损失的总附加摩擦力矩（忽略 M_{f5} 不计），可根据传动效率来确定。当已知传递到辊颈上的扭矩（M_Z 和 M_{f1}）和各有关设备的传动效率时，主电机轴上所付出之全部扭矩与辊颈所需克服的扭矩间关系为：

$$M_Z + M_{f1} + M_{f2} + M_{f3} + M_{f4} = \frac{M_Z + M_{f1}}{i} \times \frac{1}{\eta_2 \eta_3 \eta_4} \tag{3-122}$$

故传动系统中所损失的力矩为：

$$M_{f2} + M_{f3} + M_{f4} = \frac{M_Z + M_{f1}}{i} \left(\frac{1}{\eta_2 \eta_3 \eta_4} - 1 \right) \tag{3-123}$$

式中，η_2、η_3、η_4 分别为联接轴、齿轮机座及减速机的传动效率，其值的确定见表3-12。

（3）主电机轴上的总附加摩擦力矩。所以，推算至电机轴上的总附加摩擦力矩为：

$$M_f = \frac{M_{f1}}{i} + \frac{M_Z + M_{f1}}{i} \left(\frac{1}{\eta'} - 1 \right) = \frac{M_{f1}}{\eta' i} + \frac{M_Z}{i} \left(\frac{1}{\eta'} - 1 \right) \tag{3-124}$$

表 3-12 各种装置的传动效率

装 置		η_2	η_3	η_4
连接轴	梅花接轴	0.96~0.98（倾角≤3°）		
	万向接轴	0.94~0.95（倾角≤3°）		
齿轮机座	滑动齿轮（巴氏合金）连续铸轴		0.92~0.94	
减速装置	多级齿轮减速			0.92~0.94
	单级齿轮减速			0.95~0.98
	皮带减速			0.80~0.90

对于有支撑辊的四辊轧机，其附加摩擦力矩为：

$$M_f = \frac{M_{f1}}{i\eta'} \times \frac{D}{D'} + \frac{M_Z}{i}\left(\frac{1}{\eta'} - 1\right) \tag{3-125}$$

3.7.3.3 空转力矩的计算

机列中各回转部件轴承内的摩擦损失，换算到主电机轴上的全部空转力矩为：

$$M_k = \sum \frac{G_n f_n d_n}{2i_n \cdot \eta_n'} \tag{3-126}$$

式中，G_n 为机列中某轴承所支承的重量；f_n 为该轴承中的摩擦系数；d_n 为该轴颈的直径；i_n 为与主电机间的减速比；η_n' 为电机到所计算部件间的传动效率。

这种计算是非常复杂的，而且通常无法计算轧制力，通常采用经验数据。根据实际资料统计，空转力矩约为电机额定力矩的 3%~6%，或为轧制力矩的 6%~10%。

3.7.3.4 动力矩的计算

动力矩只发生在某些轧辊不匀速转动的轧机上，如在每个轧制道次中进行调速的可逆轧机。动力矩的大小可按下式确定：

$$M_d = J\frac{d\omega}{dt} \tag{3-127}$$

式中，$\frac{d\omega}{dt}$ 为角加速度，rad/s²；J 为惯性力矩，通常用回转力矩 GD^2 表示，$J = mR^2 = GD^2/4g$（m 为回转体质量，R 为回转体半径，g 为重力加速度）。

于是，动力矩（N·m）可以表示为：

$$M_d = \frac{GD^2}{4g} \cdot \frac{2\pi}{60} \cdot \frac{dn}{dt} = \frac{GD^2}{374} \cdot \frac{dn}{dt} \tag{3-128}$$

式中，D 为回转体直径；G 为回转体重量；n 为回转体转速。

应该指出，式（3-128）中的回转体力矩 GD^2，应为所有回转体零件的力矩之和。

3.7.4 主电机容量校核

3.7.4.1 轧制图表与静力矩图

为了校核或选择主电机的容量，必须绘制出表示主电机负荷随时间变化的静力矩图，而绘制静力矩图时，往往要借助于表示轧机工作状态的轧制图表。

图 3-53 所示的上半部分，表示一列两架轧机、经第一架轧 3 道、第二架轧 2 道、并且无交叉过钢的轧制图表。图示中的 t_1、$t_2 \cdots$、t_5 为道次的轧制时间，可通过计算确定，即为轧件轧后的长度 l 与平均轧制速度 v 的比值；t_1'、$t_2' \cdots$、t_5' 为各道次轧后的间隙时间，其中 t_3' 为轧件横移时间，t_5' 为前后两轧件的间隔时间。对各种间隙时间，可以进行实测或近似计算。

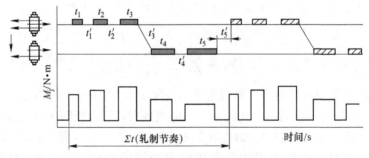

图 3-53　单根过钢时的轧制图表与静力矩图（横列式轧机）

图 3-53 的下半部分，表示了轧制过程主电机负荷随时间变化的静力矩图。根据轧机的布置、传动方式和轧制方法的不同，其轧制图表的形式是有差异的，但绘制静力矩图的叠加原则不变。

3.7.4.2 主电机容量的核算

当主电机的传动负荷确定后，就能对电动机的功率进行计算和核算，核算的目的在于：（1）由负荷图计算出等效力矩不能超过电动机的额定力矩；（2）负荷图中的最大力矩不能超过电动机的允许过载负荷和持续时间；（3）对新设计的轧机，要根据等效力矩和所要求的电动机转速来选择电动机。

A　等效力矩计算及电动机校核

轧机工作时电动机的负荷是间断式的不均匀负荷，而电动机的额定力矩是指电动机在此负荷下长期工作，其温升在允许的范围内的力矩。为此必须计算出负荷图中的等效力矩，其值按下式计算：

$$M_{K} = \sqrt{\frac{\sum M_i^2 t_i + \sum M_i'^2 t_i'}{\sum t_i + \sum t_i'}} \tag{3-129}$$

式中，M_K 为等效力矩；$\sum t_i$ 为轧制时间内各段纯轧时间的总和；$\sum t_i'$ 为轧制周期内各段间歇时间的总和；M_i 为各段轧制时间所对应的力矩；M_i' 为各段间歇时间对应的力矩。

（1）发热校核。为了保证电机在正常的运转条件下不发热，要满足：

$$M_{K} \le M_{H} \tag{3-130}$$

（2）过载校核。这种校核通常是以轧制时，电机轴上所承受的最大传动负荷 M_{max} 与电机的额定力矩 M_H 的比值关系来反映的，不同的轧制条件与主电机，其比值是不同的。这种比值，一般称为电机的过载系数，用 K 表示，对于直流电动机 $K = 2.0 \sim 2.5$，交流同步电动机 $K = 2.5 \sim 3.0$。电动机达到允许最大力矩时，其允许持续时间在 15s 以内，否则电动机温升将超过允许范围。

B　电动机功率计算

对于新设计的轧机，需要根据等效力矩计算电动机的功率（kW），即

$$N = \frac{1.03 M_K n}{\eta} \tag{3-131}$$

式中，n 为电动机转速；η 为由电动机到轧机的传动效率。

超过电动机基本转速时，应对超过基本转速部分对应的力矩加以修正，即乘以修正系数。

如果此时力矩图形为梯形，则等效力矩为：

$$M_{K} = \sqrt{\frac{M_1^2 + M_1 M + M^2}{3}} \tag{3-132}$$

$$M = M_1 \frac{n}{n_H} \tag{3-133}$$

式中，M_1 为转速未超过基本转速时的力矩；M 为转速超过基本转速时乘以修正系数后的力矩。n 为超过基本转速时的转速；n_H 为电动机的基本转速。

校核电动机的过载条件为：

$$\frac{n}{n_H} M_{max} \le K M_H \tag{3-134}$$

3.8　轧制时的弹塑性曲线分析

3.8.1　轧制时的弹性曲线

轧机在轧制过程中，由于轧制力的作用使轧机整个机座产生弹性变形，轧件

产生塑性变形。这两种变形是轧制过程中相互影响的一对矛盾，它们的相互关系，可以用轧制时的弹-塑性曲线来表示。研究弹塑性曲线在轧机自动控制、轧机结构设计等方面都有实际意义。

在轧制过程中，轧辊对轧件施加的压力使轧件产生了塑性变形，使轧件从入口厚度 H 压缩至出口厚度 h。同时，轧件也给轧辊同样大小、方向相反的反作用力，这个反作用力传到工作机座中的轧辊、轧辊轴承、轴承座、压下装置、机架等各个零件上，使各零件产生了一定的弹性变形。这些零件的弹性变形积累后都反映在轧辊的辊缝上，使轧辊的辊缝值增大，轧机在轧制过程中的情况如图 3-54 所示。这种现象称为弹跳或辊跳，其大小称为轧机的弹跳值。

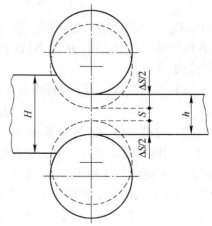

图 3-54　轧制时轧机产生的弹性变形

3.8.1.1　轧件实际出口厚度

实际出口厚度 h 的计算公式为：

$$h = S_0 + \Delta S \tag{3-135}$$

式中，ΔS 为机座弹性变形值，它符合虎克定律，故：

$$\Delta S = \frac{p}{K} \tag{3-136}$$

式中，p 为轧制压力；K 为轧机刚性系数。

轧机的刚度表示轧机工作机座抵抗弹性变形的能力，通常用刚度系数 K 来表示。刚度系数 K 是指机座产生单位弹性变形值时的压力（$K = p/\Delta S$）。

不同的 K 值，产生 ΔS 值的大小是不相同的。K 值越大，说明轧机的刚性越好，反映到辊缝中的弹跳值就越小。

3.8.1.2　弹性曲线的绘制

A　绘制方法

如图 3-55 所示，是在相同的 p_1 条件下，所产生的 $\Delta S_1 < \Delta S_2 < \Delta S_3$，它说明了 $K_1 > K_2 > K_3$。图 3-55 中的 K 值曲线是理想状态下得出的，在实际轧制条件下的曲线是有偏差的。这个偏差主要表现在弹性曲线的开始阶段，它不是理想的直线，而是一小段曲线，如图 3-56 所示。实际弹性曲线的开始阶段不是直线段的原因，是由于机座各部件之间在加工及装配过程中产生了一定的间隙。因此，在机座受力的开始阶段，将是各部件因公差所产生的间隙随压力的增加而消失的过程；也有可能是因为换辊，使辊径发生变化以及部分零部件的公差等，都会引起实际曲线的开始段不是直线。

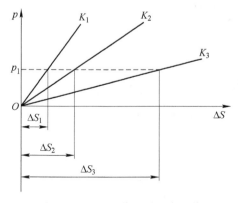

图 3-55　不同 K 值的弹性变形值

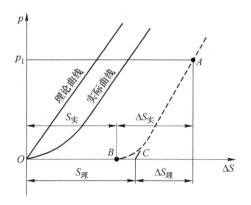

图 3-56　机座的弹性曲线及轧件尺寸在
弹性曲线上的表示

在轧制时，如把原始辊缝考虑进去，那么曲线将不是由零开始，如图 3-56 中的虚线所示。为此可以知道在一定辊缝和一定负荷下所轧出的轧件厚度，即

$$h = S_实 + \Delta S_实 \tag{3-137}$$

或

$$h = S_理 + \Delta S_理 \tag{3-138}$$

由此可以看出，在 A 点（p_1 轧制力）轧制时，不论是理论弹性曲线，还是实际弹性曲线，轧件轧出的厚度 h 是相同的。但组成厚度 h 的辊缝 S 值和弹跳值 ΔS 是不相同的。实际辊缝值 $S_实$ 较理论辊缝值 $S_理$ 小。

B　零位调整

a　零位调整目的

在实际生产中，为了消除非线性段的影响需要进行零位调整。

b　零位调整方法

在轧制前，先将轧辊预压靠到一定压力（或按压下电机电流作标准），然后将此时的轧辊辊缝仪读数设定为零（即清零）。

注意：预压靠时轧辊间没有轧件，使轧辊一面空转一面使压下螺丝压下使工作辊压靠。当压靠后使压下螺丝继续压下，轧机便产生弹性变形。由轧辊压靠开始点到轧制力为 p_0 时的压下螺丝行程，即为此压力 p_0 作用下的轧机弹性变形，根据所测数据可绘出图 3-57 中的弹性曲线。

在图 3-57 中，$ok'l'$ 为预压靠曲线，在 o 处轧辊开始接触受力变形，当压靠力为 p_0 时，辊缝 of' 是一个负值。以 f' 点作为人工零位，当压靠力由 p_0 减为零时，实际辊缝为零，而辊缝仪读数为 $f'o = S$。然后继续抬辊，当抬到 g 点位置时，辊

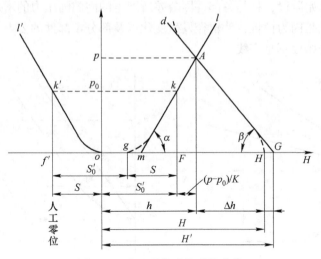

图 3-57 人工零位法的弹性曲线

缝仪读数为 $f'g = S'_0 = S + S_0$。由于曲线 gkl 和 $ok'l'$ 完全对称，因此 $of' = gF = S$，所以 oF 段就是轧制力为 p_0 时人工零位法的轧辊辊缝仪读数 S'_0。当轧制压力为 p 时，轧出的轧件厚度为：

$$h = S'_0 + \frac{p - p_0}{K} \tag{3-139}$$

式中，S'_0 为人工零位辊缝仪显示的辊缝值；p_0 为清零时轧辊预压靠的压力。

由于轧机零部件间存在的间隙和接触不均匀是一个不稳定因素，弹性曲线的非线性部分是经常变化的，每次换辊后都有不同，因此辊缝的实际零位很难确定，式（3-135）、式（3-136）在实际生产中很难应用。但用人工零位法可以消除非线性段的不稳定性，式（3-137）、式（3-138）即为人工零位法的弹跳方程，使弹跳方程便于实际应用。

3.8.2 轧件的塑性曲线

3.8.2.1 轧件塑性曲线的概念

在金属轧制过程中，表示轧制力与轧件厚度关系变化的图示就称为塑性曲线。影响轧制压力的因素十分复杂，用公式很难表示，但如果用图形来表示，则可以表现得清晰一些。如图 3-58 所示。图 3-58 中，纵坐标表示轧制压力，横坐标表示轧件厚度。

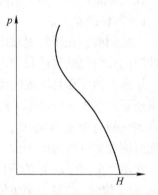

图 3-58 轧件的塑性曲线

3.8.2.2 影响塑性曲线的因素

（1）金属变形抗力的影响。如图 3-59 所示，当轧制的金属变形抗力较大时，则塑性曲线较陡（由 1 变为 2）。在同样轧制压力下，所轧成的轧件厚度要厚一些（$h_2 > h_1$）。

（2）摩擦系数的影响。如图 3-60 所示，摩擦系数越大（由 $f_1 \rightarrow f_2$），轧制时变形区的三向压应力状态越强烈，轧制压力越大，曲线越陡，在同样轧制压力下，轧出的厚度越厚（$h_2 > h_1$）。

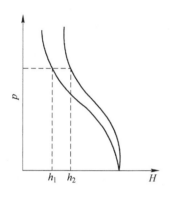

图 3-59　变形抗力的影响

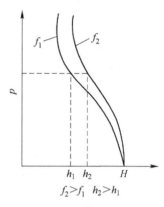

图 3-60　摩擦系数的影响

（3）张力的影响。如图 3-61 所示，张力越大（$q_2 \rightarrow q_1$），变形区三向压应力状态减弱，甚至使一向压应力改变符号变成拉应力，从而减小轧制压力，曲线斜率变小，使轧出厚度减薄（$h_1 < h_2$）。

（4）轧件原始厚度的影响。如图 3-62 所示，同样负荷下，轧件越厚，则轧

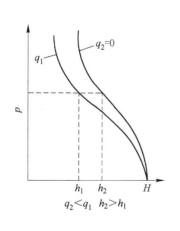

图 3-61　张力的影响

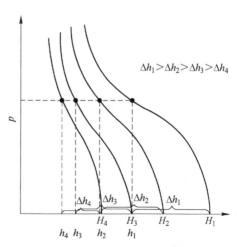

图 3-62　轧件厚度的影响

制压下量越大；轧件越薄，则轧制压下量越小。当轧件原始厚度薄到一定程度，曲线将变得很陡，当曲线变为垂直时，说明在这个轧机上，无论施以多大压力，也不可能使轧件变薄，也就是达到最小可轧厚度的临界条件。

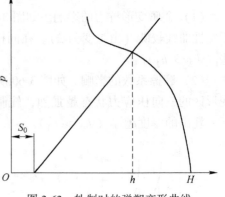

图 3-63   轧制时的弹塑变形曲线

3.8.3   轧制时的弹塑性曲线

3.8.3.1   弹塑性曲线的概念

把塑性曲线与弹性曲线画在同一个图上，这样的曲线图称为轧制时的弹塑性曲线，如图 3-63 所示。

3.8.3.2   弹塑性曲线在生产中的应用

图 3-64 所示为已知轧机轧制带材时的弹塑性曲线，如实线所示在一定负荷 p 下将厚度为 H 的轧件轧制成 h 的厚度，如由于某种原因，摩擦系数增加，原来的塑性曲线（实线）将变为虚线所示。如果辊缝未变，由于压力的改变将出现新的工作点，此时负荷增高为 p'，而轧出的厚度由 h 变为 h'，因而摩擦的增加使压力增加而压下量减小，如果仍希望得到规定的厚度 h，就应当调整压下，使弹性曲线平行左移至虚线处，与塑性曲线交于新的工作点，此时厚度为 h，但压力将增至 p''。

图 3-65 所示为冷轧时的弹塑性曲线，实线所示为在一定张应力 q_1 的情况下

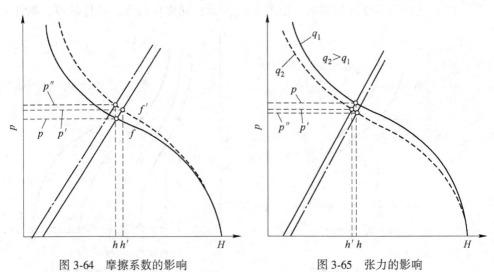

图 3-64   摩擦系数的影响   图 3-65   张力的影响

轧制工作情况，此时轧制压力为 p，轧出厚度 h。假如张力突然增加，达到 q_2，塑性曲线将变为虚线所示，在新的工作点轧制压力降低至 p'，而出口厚度减薄至 h'，此时辊缝并未改变，说明了张力的影响，如欲使轧出厚度仍保持 h，就需要调整压下使辊缝稍许增加，即弹性曲线右移至虚线，达到新的工作点以维持 h 不变，但由于张力的作用，轧制压力降低至 p''。

图 3-66 表示轧件材料性质的变化在弹塑性曲线上的反映。正常情况下，在已知辊缝 S 的条件下轧出厚度为 h，工作点为 A。如由于退火不均，一段带材的加工硬化未完全消除，此时变形抗力增加，这种情况下轧制压力将由 p 增至 p'，轧出厚度由 h 增至 h'，工作点由 A 变为 B。欲保持轧出厚度 h 不变，就需进一步压下，使辊缝减小，但轧制压力将进一步增大至 p''，此时，工作点由 B 变为 C。

所轧坯料厚度变化时，在弹塑性曲线上的反映如图 3-67 所示。如果来料厚度增加，此时由于压下量增加而使压力 p 增加，结果轧机弹性变形增加，因而不能达到原来的轧出厚度 h，而为 h'，这时应调整压下，使辊缝减小至虚线，才能保持轧出厚度 h 不变，但压力将增大至 p''。

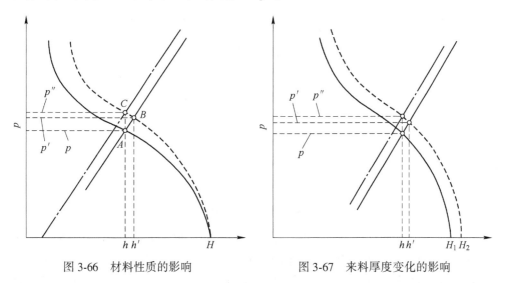

图 3-66 材料性质的影响   图 3-67 来料厚度变化的影响

3.8.3.3 轧制弹塑性曲线的实际意义

（1）通过弹塑性曲线可以分析轧制过程中造成厚差的各种原因。只要使 S 和 p/K 变化，就会造成厚度的波动，例如当来料厚度波动、轧件材质有变化、张力变化、摩擦条件变化、温度波动等都会导致轧出厚度的波动。

（2）通过弹塑性曲线可以说明轧制过程中的调整原则。如图 3-68 所示，在一个轧机上，其刚度系数为 K（曲线（1）），坯料厚度为 H_1，辊缝为 S_1，轧出厚度为 h_1（曲线 1），此时轧制压力为 p_1。如由于来料厚度波动，轧前厚度变为

H_2，此时因压下量增加而使轧制压力增至 p_2（曲线（2）），这时就不能再轧到 h_1 的厚度了，而是轧成 h_2 的厚度，轧制压力增至 p_2，出现了轧出厚度偏差。如果想轧成 h_1 的厚度，就需调整轧机。

一般情况，常用移动压下螺丝以减小辊缝的办法来消除厚差，即如曲线（2）所示，辊缝由 S_1 减至 S_2，而轧制压力增加到 p_3，此时轧出厚度可仍保持为 h_1。

在连轧机及可逆式带材轧机上，还有一种常用的调整方法，就是改变张力，如图 3-68 所示，当增加张力，轧件塑性曲线由 2 变成 3 的形状，这时轧出之厚度仍为 h_1，轧制压力也保持 p_1 不变。

此外，利用弹塑性曲线还可探索轧制过程中轧件与轧机的矛盾基础，寻求新的途径，例如近来采用液压轧机，就可利用改变轧机刚度系数的方法，以保持恒压力或恒辊缝。如图 3-68 中曲线（3），即为改变轧机刚度系数 K 到 K'，以保持轧后厚度不变。

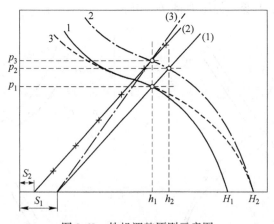

图 3-68 轧机调整原则示意图

（3）弹塑性曲线给出了厚度自动控制的基础。根据 $h = S + p/K$，如果能进行压下位置检测以确定辊缝 S，测量压力 p 以确定 p/K（可视 K 为常值），那么就可确定 h。这就是间接测厚法，如果所测得的厚度与要求给定值有偏差，就可调整轧机，直到维持所要求的厚度值为止。

4 钢材普通热处理技术

金属热处理是机械制造中的重要工艺之一，与其他加工工艺相比，热处理一般不改变工件的形状和整体的化学成分，而是通过改变工件内部的显微组织，或改变工件表面的化学成分，赋予或改善工件的使用性能，其特点是改善工件的内在质量，而这一般不是肉眼所能看到的。为使金属工件具有所需要的力学性能、物理性能和化学性能，除了合理选用材料和各种成型工艺外，热处理往往是必不可少的。

热处理就是将固态金属或合金采用适当的方式进行加热、保温和冷却，以获得所需要的组织结构和性能的工艺。通过适当的热处理不仅可以改进钢的加工工艺性能，更重要的是可显著提高钢的力学性能，充分发挥钢材的潜力，延长零件的使用寿命，减轻零件自重，节约材料，降低成本。

热处理方法虽然有很多，但任何一种热处理工艺都是由加热、保温和冷却这三个阶段组成的，并可用温度-时间坐标图来表示，图 4-1 所示为热处理工艺曲线。

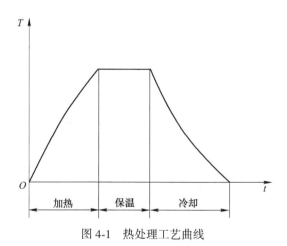

图 4-1　热处理工艺曲线

钢的热处理主要是利用钢在加热和冷却时内部组织发生转变的基本规律，来选择加热温度、保温时间和冷却介质等有关参数，以达到改善钢材性能的目的。根据热处理的目的、加热和冷却方法的不同大致分类如下：

（1）整体热处理。其特点是对工件整体进行穿透加热，方法有退火、正火、淬火及回火。

（2）表面热处理。其特点是针对工件表层进行热处理，以改变表层组织与性能，常用的方法有感应加热表面淬火、火焰加热表面淬火。

（3）化学热处理。其特点是改变工件表层的化学成分、组织和性能。常用的方法有渗碳、渗氮、碳氮共渗等。

4.1 钢的加热转变

在热处理工艺中，加热的目的是获得奥氏体组织。奥氏体是钢在高温时的组织，但其晶粒大小、成分及均匀程度对钢冷却后的性能及组织有重要的影响。奥氏体质量的好坏，直接影响到最终热处理后钢件的工艺性能和使用性能。所以，了解钢在加热时的组织变化规律是十分必要的。由 Fe-Fe$_3$C 相图可知，PSK 线、GS 线、ES 线表示钢在缓慢冷却或加热过程中组织发生变化的临界点，分别用 A_1、A_3 和 A_{cm} 表示。共析钢加热超过 A_1 温度时，全部转变为奥氏体；而亚共析钢和过共析钢必须加热到 A_3 线和 A_{cm} 线以上才能获得单相奥氏体。A_1、A_3 和 A_{cm} 是在极其缓慢加热和冷却条件下测得的临界点，又称平衡临界点。但在实际生产中，加热和冷却不可能极其缓慢，因此不可能在平衡临界点进行组织转变，相变是在不平衡条件下进行的，其相变点与相图中的相变温度有差异。由于过热和过冷现象的影响，加热时温度偏向高温，冷却时偏向低温，这种现象称为滞后。加热或冷却速度越快，则滞后现象越严重。为了便于区别，通常加热时的临界点用符号 Ac_1、Ac_3、Ac_{cm} 表示；冷却时的临界点用符号 Ar_1、Ar_3、Ar_{cm} 表示，如图 4-2 所示。而这些临界点偏离平衡临界点的大小，将随着加热或冷却时的速度发生变化。

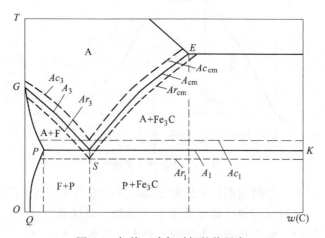

图 4-2　加热、冷却时钢的临界点

4.1.1 钢的奥氏体化

由图 4-2 可见，钢加热到 Ac_1 温度以上时，珠光体转变为奥氏体，亚共析钢加热到 Ac_3 温度以上时，铁素体转变为奥氏体；过共析钢加热到 Ac_{cm} 温度以上时，二次渗碳体完全溶入奥氏体中。这种通过加热获得奥氏体组织的过程称为奥氏体化。

图 4-3 所示为共析钢的奥氏体形成过程示意图。钢中珠光体向奥氏体的转变过程遵循结晶过程的基本规律，也是通过形核和晶核长大的过程来进行的，其转变过程分为以下 4 个阶段，即晶核形成、晶核长大、残留渗碳体溶解和奥氏体成分的均匀化。

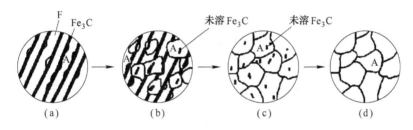

图 4-3　共析钢中奥氏体形成过程示意图
(a) 形核；(b) 晶核长大；(c) 残留渗碳体溶解；(d) 奥氏体均匀化

(1) 奥氏体晶核的形成及长大。由 Fe-Fe₃C 相图可知，在 A_1 温度，铁素体中 $w(C)=0.0218\%$，渗碳体中 $w(C)=6.69\%$，奥氏体中 $w(C)=0.77\%$。在珠光体转变为奥氏体的过程中，铁素体由体心立方晶格改组为奥氏体的面心立方晶格，渗碳体逐渐溶解。所以，钢的加热转变既有晶体结构的变化，也有碳原子的扩散。共析钢加热到 Ac_1 温度以上时，奥氏体晶核优先在铁素体和渗碳体的交界面上形成。奥氏体不断向其两侧的原铁素体区域及渗碳体区域扩展长大，直至铁素体完全消失，奥氏体彼此相遇，形成一个个奥氏体晶粒。

(2) 残留渗碳体的溶解。由于珠光体中的渗碳体向奥氏体溶解的速度落后于铁素体向奥氏体的转变速度，在铁素体全部转变为奥氏体后，仍然会有一部分渗碳体尚未溶解，因而需要一段时间使残留渗碳体向奥氏体中继续溶解，直到渗碳体全部溶于奥氏体。

(3) 奥氏体成分的均匀化。奥氏体转变刚结束时，原来渗碳体处含碳的质量分数较高，而在原来铁素体处含碳的质量分数较低，这样会造成奥氏体成分不均匀，因此需要保温一定时间，通过碳原子扩散使奥氏体成分均匀化。亚共析钢和过共析钢的奥氏体形成过程与共析钢基本相同。亚共析钢在室温平衡状态下的组织为珠光体和铁素体，当加热到 Ac_1 温度以上时，珠光体转变为奥氏体，铁素体开始向奥氏体转变。在 $Ac_1 \sim Ac_3$ 温度之间为奥氏体+铁素体，这部分铁素体只有继续加热到 Ac_3 温度时才能完全消失，全部组织为奥氏体。过共析钢在室温平衡状态下的组织为珠光体和二次渗碳体，其中二次渗碳体往往呈网状分布。当缓慢加热到 Ac_1 温度以上时，珠光体转变为奥氏体，成为奥氏体和渗碳体的组织。在温度超过 Ac_{cm} 时，渗碳体完全溶解，全部组织为奥氏体，此时奥氏体晶粒已经粗化。

4.1.2 奥氏体晶粒的长大

当珠光体向奥氏体转变刚刚完成时，奥氏体晶粒是比较细小的。这是由于珠光体内铁素体和渗碳体的相界面很多，有利于形成数目众多的奥氏体晶核。不论原来钢的晶粒是粗或是细，通过加热时的奥氏体化，都能得到细小晶粒的奥氏体。但是随着加热温度的升高和保温时间的延长，奥氏体晶粒会自发地长大。加热温度越高，保温时间越长，奥氏体晶粒越大。晶粒的长大是依靠较大晶粒吞并较小晶粒和晶界迁移的方式进行的。

4.1.3 影响奥氏体晶粒长大的因素

4.1.3.1 奥氏体晶粒度的概念

晶粒度是表示晶粒大小的一种尺度。根据奥氏体形成过程和晶粒长大情况不同，可将奥氏体晶粒度分为起始晶粒度、实际晶粒度和本质晶粒度。

(1) 起始晶粒度。起始晶粒度是指珠光体刚刚全部转变为奥氏体时的奥氏体晶粒度。一般情况是，奥氏体的起始晶粒比较细小，在继续加热或保温时，它就要长大。

(2) 实际晶粒度。实际晶粒度是指钢在某一具体的热处理或加热条件下实际获得的奥氏体晶粒度，它的大小直接影响钢件的性能。实际晶粒一般总比起始晶粒大，因为在热处理生产中，通常都有一个升温和保温阶段，就在这段时间内，晶粒有了不同程度的长大。

(3) 本质晶粒度。本质晶粒度是指根据标准试验方法，在 (930 ± 10) ℃保温足够时间 $(3 \sim 8h)$ 后测定的钢中晶粒的大小。

不同牌号的钢，其奥氏体晶粒的长大倾向是不同的。有些钢的奥氏体晶粒随着加热温度升高会迅速长大，而有些钢的奥氏体晶粒则不容易长大，只有加热到更高温度时才开始迅速长大，如图4-4所示。一般前者称为本质粗晶粒钢（1~4级），后者称为本质细晶粒钢（5~8级）。所以本质晶粒并不是指具体的晶粒，而是表示某种钢的奥氏体晶粒长大的倾向性。本质晶粒度也不是晶粒大小的实际度量，而是表示在规定的加热条件下，奥氏体晶粒长大倾向性的高低。

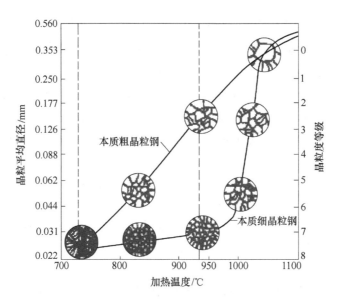

图 4-4　奥氏体晶粒长大倾向示意图

奥氏体晶粒的大小用晶粒度指标来衡量。晶粒度是指将钢加热到一定温度、保温一定时间后获得的奥氏体晶粒大小。为了测定或比较钢的实际晶粒大小，把试样在金相显微镜下放大 100 倍，然后与标准晶粒图比较以确定其等级，如图 4-5 所示。标准晶粒度分为 8 个等级，1 级最粗，8 级最细，其中晶粒度在 1~4 级的钢的本质粗晶粒度，5~8 级的钢为本质细晶粒钢。

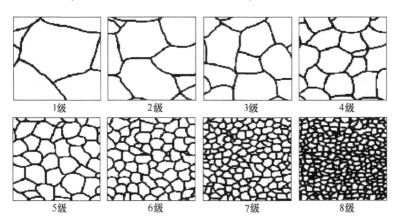

图 4-5　奥氏体标准晶粒度等级示意图

在工业生产中，一般经铝脱氧的钢大多是本质细晶粒钢，只用锰、硅脱氧的钢为本质粗晶粒钢。沸腾钢一般为本质粗晶粒钢，镇静钢一般为本质细晶粒钢。需经热处理的工件一般都采用本质细晶粒钢。

4.1.3.2 影响奥氏体晶粒长大的因素

（1）加热温度和保温时间。随着加热温度的提高，奥氏体化速度加快，加热温度越高，保温时间越长，奥氏体晶粒越粗大。

（2）加热速度。加热速度越快，奥氏体形核率越高，晶粒越细小。

（3）奥氏体中碳的质量分数。随着钢中奥氏体含碳量的增加，奥氏体晶粒的长大倾向也增大。当奥氏体晶界上存在未溶的残留渗碳体时，奥氏体晶粒反而长得慢。

（4）合金元素。凡是能形成稳定碳化物的元素（如钛、钒、铌、锆、钨、钼、铬等）、形成不溶于奥氏体的氧化物及氮化物的元素（如铝）、速进石墨化的元素（如硅、镍、钴），以及在结构上自由存在的元素（如铜），都会阻碍奥氏体晶粒长大，而锰和磷则有加速奥氏体晶粒长大的倾向。所以，多数合金钢热处理后晶粒较细。

（5）原始组织。钢的原始组织中珠光体晶粒越细，其片间距越小，相的界面越多，越有利于形核，同时由于片间距小，碳原子的扩散距离小，扩散速度加快，导致奥氏体形成速度加快，因此热处理加热后的奥氏体晶粒越细小。

4.2 钢在冷却时的组织转变

钢经加热保温获得奥氏体后，冷却至 A_1 温度以下时，过冷奥氏体将发生组织转变。铁碳合金相图虽然解释了在缓慢加热或冷却条件下，钢的成分、组织和性能之间的变化情况，但不能表示实际热处理冷却条件下钢的的组织变化规律。在实际热处理冷却条件下，钢的组织结构还会发生一系列不同的变化。

在不同的冷却条件下进行冷却，可以获得不同的力学性能。45 钢加热到840℃，经不同条件冷却后的力学性能见表 4-1。所以，冷却过程是热处理的关键工序，对钢的使用性能起着决定性的作用。

表 4-1 45 钢经不同条件冷却后的力学性能

序号	冷却方法	R_m/MPa	R_{eL}/MPa	δ/%	ψ/%	硬度 HRC
1	随炉冷却	530	280	32.5	49.3	15~18
2	空冷	670~720	340	15~18	45~50	18~24
3	油冷	900	620	18~20	48	40~50
4	水冷	1100	720	7~8	12~14	52~60

冷却转变温度决定了冷却后的组织和性能。实际生产中热处理采用的冷却方式主要有连续冷却（如炉冷、空冷、水冷等）和等温冷却（如等温淬火）。

连续冷却转变是指将钢奥氏体化后，以不同冷却速度连续冷却过程中，过冷奥氏体发生的转变，如图4-6中曲线1所示。

等温冷却转变是指将钢奥氏体化后，迅速冷却到A_1以下某一温度保温，使过冷奥氏体（即在共析温度以下存在的奥氏体）在此温度发生的组织转变，如图4-6中曲线2所示。

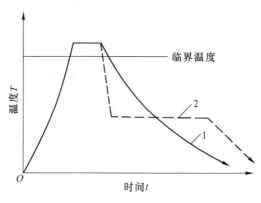

图4-6　奥氏体的冷却曲线
1—连续冷却转变；2—等温转变

4.2.1　过冷奥氏体的等温转变

4.2.1.1　过冷奥氏体的概念

由$Fe-Fe_3C$相图可知，钢的温度高于临界点（A_1、A_3、A_{cm}）以上时，其奥氏体是稳定的，当温度处于临界点以下时，奥氏体将发生转变和分解。然而在实际冷却条件下，奥氏体虽然冷却到临界点以下，但并不立即发生转变，这种在共析温度以下存在的处于不稳定状态的奥氏体称为过冷奥氏体。随着时间的推移，过冷奥氏体将发生分解和转变，其转变产物的组织和性能决定于冷却条件。

4.2.1.2　等温转变图

描述过冷奥氏体的等温转变温度、转变时间与转变产物之间关系的曲线图称为过冷奥氏体的等温转变图，简称等温转变图。又因为其形状像英文字母"C"，所以又称为C曲线。等温转变图是用于分析钢在A_1线以下不同温度进行等温转变所获产物的重要工具。

4.2.1.3　等温转变图的建立

奥氏体等温转变图的建立是利用过冷奥氏体转变产物的组织形态和性能的变

化来测定的。测定的方法有金相测定法、硬度测定法、膨胀测定法、磁性测定法以及 X 射线结构分析测定等方法。现以共析钢为例，如图 4-7 所示，用金相硬度法简要说明其建立过程。

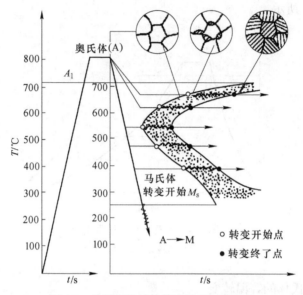

图 4-7　共析钢奥氏体等温转变图的建立

（1）将碳的质量分数为 0.77% 的共析钢制成若干个一定尺寸的试样。

（2）把这些试样加热至 Ac_1 以上温度，获得均匀奥氏体。

（3）将试样分成许多组，每组包括若干个试样。将每组试样分别迅速放入 Ar_1 温度以下一系列不同温度（700℃、650℃、600℃、500℃等）的恒温熔盐槽中，迫使过冷奥氏体发生等温转变。等温的同时记录等温时间（等温时间可以是几秒到几天），然后每隔一定时间在每组中都取出一个试样，迅速放入冷水中冷却，使试样在不同时刻的等温转变状态固定下来。

（4）测出并记录在不同温度等温过程中，过冷奥氏体转变开始与转变终了的时间点。对试样进行硬度测试并观察其显微组织，当发现某一试样刚有转变产物时（有 1%~3% 的转变产物），它的等温时间即为奥氏体开始转变的时间点；而当发现某一试样没有奥氏体时（约有 98% 的转变产物），它的等温时间即为奥氏体转变终了时间点。显然，从过冷奥氏体开始转变到转变终了的这段时间即为过冷奥氏体和转变产物的共存时间。

（5）将所有的转变开始点和终了点标注在时间-温度坐标系中，把所有转变开始点和终了点分别用光滑曲线连接起来，获得等温转变开始曲线和终了曲线，并在不同的时间和温度区域内填入相应的组织，即得共析钢过冷奥氏体的等温转变图，如图 4-8 所示。

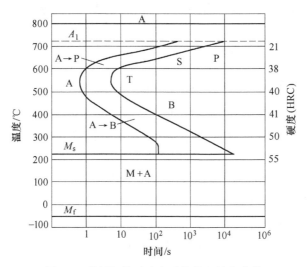

图 4-8　共析钢的过冷奥氏体等温转变曲线

4.2.1.4　奥氏体等温转变图的分析

图中最上面一条水平虚线表示钢的临界点 A_1（723℃），即奥氏体与珠光体的平衡温度。图中下方的一条水平线 M_s（230℃）为马氏转变开始温度，M_s 以下还有一条水平线 M_f（−50℃）为马氏体转变终了温度。A_1 与 M_s 线之间有两条 C 曲线，左侧一条为过冷奥氏体转变开始线，右侧一条为过冷奥氏体转变终了线。A_1 线以上是奥氏体稳定区。M_s 线至 M_f 线之间的区域为马氏体转变区，过冷奥氏体冷却至 M_s 线以下将发生马氏体转变。过冷奥氏体转变开始线与转变终了线之间的区域为过冷奥氏体转变区，在该区域过冷奥氏体向珠光体或贝氏体转变。在转变终了线右侧的区域为过冷奥氏体转变产物区。A_1 线以下，M_s 线以上以及纵坐标与过冷奥氏体转变开始线之间的区域为过冷奥氏体区，过冷奥氏体在该区域内不发生转变，处于亚稳定状态。在 A_1 温度以下某一确定温度，过冷奥氏体转变开始线与纵坐标之间的水平距离为过冷奥氏体在该温度下的孕育期，孕育期的长短表示过冷奥氏体稳定性的高低。在 A_1 以下，随等温温度降低，孕育期缩短，过冷奥氏体转变速度增大，在 550℃ 左右共析钢的孕育期最短，转变速度最快。此后，随等温温度下降，孕育期又不断增加，转变速度减慢。过冷奥氏体转变终了线与纵坐标之间的水平距离则表示在不同温度下转变完成所需要的总时间。转变所需的总时间随等温温度的变化规律也和孕育期的变化规律相似。因为过冷奥氏体的稳定性同时由两个因素控制：一个是旧相与新相之间的自由能差 ΔG；另一个是原子的扩散系数 D。等温温度越低，过冷度越大，自由能差 ΔG 也越大，则加快过冷奥氏体的转变速度；但原子扩散系数却随等温温度降低而减小，从而减慢过冷奥氏体的转变速度。高温时，自由能差 ΔG 起主导作用；低温时，原子扩散系数起主导作用。处于"鼻尖"温度时，两个因素综合作用的结果，使转变孕育期最短，转变速度最大。

4.2.1.5 影响等温转变图的因素

等温转变图的形状和位置不仅对奥氏体等温转变速度及转变产物的性质具有十分重要的意义，同时对钢的热处理方法及淬透性等问题的考虑也有指导性的作用。

影响等温转变图形状和位置的因素主要有以下几种：

（1）碳的影响。在正常加热条件下，亚共析钢的等温转变图随着含碳量的增加向右移；过共析钢的等温转变图随着含碳量的增加向左移。在碳钢中以共析钢的等温转变图离纵轴最远，过冷奥氏体最稳定。图4-9所示为亚共析钢、共析钢、过共析钢的等温转变图比较。

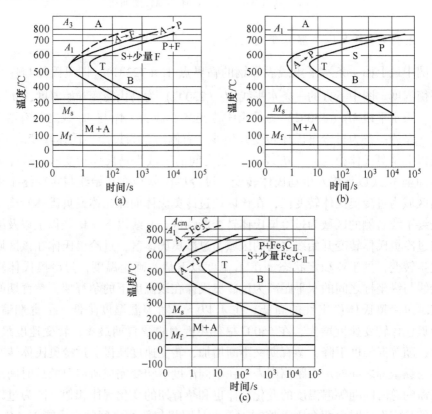

图 4-9 亚共析钢、共析钢、过共析钢的等温转变图比较

（a）亚共析钢；（b）共析钢；（c）过共析钢

（2）合金元素的影响。除了钴以外，所有合金元素溶入奥氏体后，都增大其稳定性，使等温转变图右移。碳化物形成元素含量较多时，使等温转变图的形状也发生变化，可能出现两种曲线，并使 M_s 线下降，如图4-10所示。

（3）加热温度和保温时间的影响。随着加热温度的提高和保温时间的延长，增加了过冷奥氏体的稳定性，使等温转变图右移。

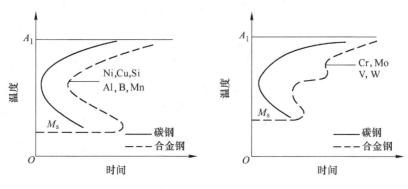

图 4-10   合金元素对等温转变图的影响

4.2.1.6   过冷奥氏体等温转变产物的组织和性能

过冷奥氏体等温转变的温度不同，转变产物就不同，其组织和性能也不同。通常在 M_s 线以上可发生两种类型的转变：550℃以上发生珠光体型转变，550℃~ M_s 之间为贝氏体转变。

（1）珠光体型转变（A_1~550℃）。此温度范围的转变称为过冷奥氏体的高温转变，其转变产物为铁素体和渗碳体的片层状混合物——珠光体。珠光体的形成伴随着两个过程同时进行：一是碳和铁原子的扩散，由此而生成高碳的渗碳体和低碳的铁素体；二是晶格的重构，由面心立方的奥氏体转变为体心立方的铁素体和复杂晶格的渗碳体。转变温度越低（过冷度越大），形成的珠光体片层间距越小。根据形成珠光体片层厚薄的不同，可把珠光体型组织分为以下三种：

1）珠光体（粗片状），用符号"P"表示，是指在 A_1~650℃形成的珠光体，因为过冷度小，片间距较大（450~150nm），在400倍以上的光学显微镜下就能分辨其片层状形态，习惯上称为珠光体。

2）索氏体（较细片状），用符号"S"表示，是指在650~600℃形成的片间距较小（150~80nm）的珠光体。这种珠光体在光学显微镜下放大五六百倍才能分辨出其为铁素体薄层和碳化物（渗碳体）薄层交替重叠的复相组织。

3）托氏体（极细片状），用符号"T"表示，是指在600~550℃形成的片间距极小（80~30nm）的珠光体。这种是奥氏体在连续冷却或等温冷却转变时过冷到珠光体转变温度区间的下部形成的，在光学显微镜下高倍放大也分辨不出其内部构造，只能看到其总体是一团黑而实际上却是很薄的铁素体层和碳化物（渗碳体）层交替重叠的复相组织。

图 4-11 所示为珠光体型显微组织，因为珠光体的片层间距越小，相界面越大，塑性变形抗力越大，即强度、硬度越高；同时片层间距越小，则渗碳体片越薄，越容易随同铁素体一起变形而不脆断，所以塑性和韧性也变好了。以硬度为例，珠光体为 5~20HRC，索氏体为 20~30HRC，托氏体为 30~40HRC。

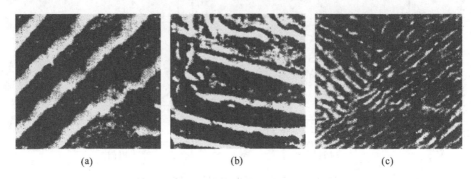

(a)　　　　　　　　(b)　　　　　　　　(c)

图 4-11　珠光体型显微组织

（a）珠光体；（b）索氏体；（c）托氏体

（2）贝氏体型转变（550℃ ~ M_s）。贝氏体型转变为中温转变，因转变温度较低，原子的活动能力较弱，过冷奥氏体虽然仍分解成铁素体与渗碳体的混合物，但铁素体中溶解的碳已超过了正常的溶解度。转变后得到的组织为碳的质量分数具有一定过饱和程度的铁素体和分散的渗碳体（或碳化物）所组成的混合物，称为贝氏体，用符号"B"表示。贝氏体分为上贝氏体和下贝氏体两种，通常把在 550~350℃ 范围内转变形成的产物称为上贝氏体，用符号"$B_\perp$"表示。上贝氏体在显微镜下呈羽毛状，它是由许多相互平行的过饱和铁素体片和分布在片间的断续细小的渗碳体组成的混合物，如图 4-12 所示。过冷奥氏体在 350℃ ~ M_s 范围内转变的产物称为下贝氏体，用符号"$B_下$"表示。下贝氏体在光学显微

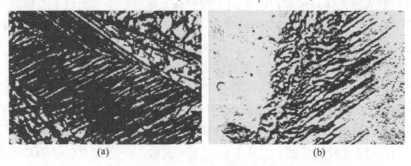

(a)　　　　　　　　(b)

图 4-12　上贝氏体的显微组织

（a）光学显微像；（b）电镜像

镜下呈黑色针叶状，它是由针叶状的铁素体和分布在其上的极为细小的渗碳体颗粒组成的，如图4-13所示。典型的下贝氏体在光学显微镜下呈黑色针片状。在电子显微镜下，过饱和碳的铁素体呈针片状，在其上分布着碳化物颗粒或薄片。

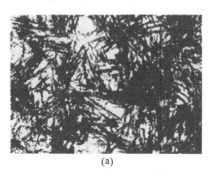 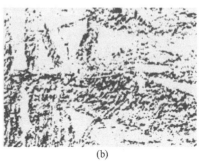

(a)　　　　　　　　　　　　　　　　(b)

图4-13　下贝氏体的显微组织

(a) 光学显微像；(b) 电镜像

下贝氏体不仅具有高的强度、硬度与耐磨性，同时具有良好的塑性和韧性，生产中常用等温淬火获得下贝氏体，来提高零件的性能。同时由于下贝氏体的比体积比马氏体小，故可减小变形和开裂。因上贝氏体的强韧性较差，生产上极少使用。共析钢过冷奥氏体等温转变的产物和力学性能特点见表4-2。

表4-2　共析钢过冷奥氏体等温转变的产物和力学性能特点

转变类型	转变温度/℃	转变产物	符号	纤维组织形态	力学性能特点
高温转变	$A_1 \sim 650$	珠光体	P	粗片状铁素体+渗碳体	强度较高，硬度适中（不超过25HRC），有较好的塑性
	$650 \sim 600$	索氏体	S	细片状铁素体+渗碳体	硬度为 $25 \sim 35$ HRC，综合力学性能优于珠光体
	$600 \sim 550$	托氏体	T	极细片状铁素体+渗碳体	硬度为 $40 \sim 45$ HRC，综合力学性能优于索氏体
中温转变	$550 \sim 350$	上贝氏体	$B_上$	细条状渗碳体分布于片状铁素体之间，呈羽毛状	硬度为 $40 \sim 45$ HRC，强度低，塑性很差
	$350 \sim M_s$	下贝氏体	$B_下$	细小的碳化物分布于针叶状的铁素体之间，呈黑色针状	硬度为 $45 \sim 55$ HRC，具有较高的强度及良好的塑性和韧性

4.2.2　马氏体转变

过冷奥氏体是在 M_s 温度以下开始转变为马氏体的，这个转变持续到马氏

体转变终了温度 M_f。在 M_f 以下，过冷奥氏体停止转变。M_s 和 M_f 线不是固定不变的，大多数合金元素（Al、Co 除外）均使 M_s 和 M_f 线下降，奥氏体中碳的质量分数对 M_s 和 M_f 温度的影响如图 4-14 所示。碳的质量分数增加，M_s、M_f 线下降。

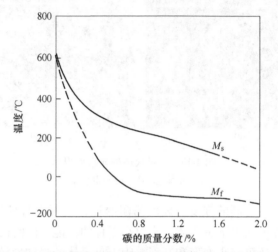

图 4-14 奥氏体中碳的质量分数对 M_s 和 M_f 温度的影响

4.2.2.1 马氏体的转变过程

将奥氏体自 A_1 线以上快速冷却到 M_s 线以下，使其冷却曲线不与等温转变图相遇，则将发生马氏体转变。奥氏体向马氏体的转变与奥氏体向珠光体和贝氏体转变有着根本的区别。马氏体转变是非扩散性的，因为这种转变是以极大的冷却速度在极大的过冷度下发生的，此时奥氏体中的碳原子已无扩散的可能。因此，固溶在奥氏体中的碳转变后原封不动地保留在铁的晶格中，形成碳在 α-Fe 中的过饱和间隙固溶体，称为马氏体，用符号"M"表示。

4.2.2.2 马氏体的晶体结构

在马氏体中，由于过饱和的碳强制地分布在晶胞的某一晶轴（如 z 轴）的间隙处，使 z 轴方向的晶格常数 c 上升，x 轴、y 轴方向的晶格常数 a 下降，α-Fe 的体心立方晶格变为体心正方晶格，如图 4-15 所示。晶格常数 c/a 的比值称为马氏体的正方度。马氏体中碳的质量分数越高，正方度越大。

4.2.2.3 马氏体的组织形态

马氏体的组织形态主要有两种类型，即板条状马氏体（见图 4-16）和针状马氏体（见图 4-17）。低碳钢形成板条状马氏体，而针状马氏体则常见于高、中

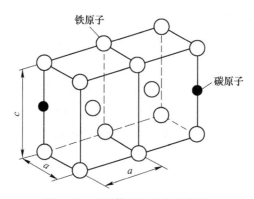

图 4-15　马氏体晶格结构示意图

碳钢中。一般当 $w(C) < 0.3\%$ 时，钢中马氏体形态几乎全为板条状马氏体；$w(C) > 1.0\%$ 时则几乎全为针状马氏体；$w(C) = 0.3\% \sim 1.0\%$ 时为板条状马氏体和针状马氏体的混合组织。随着碳含量的提高，淬火钢中板条状马氏体的量下降，针状马氏体的量上升。

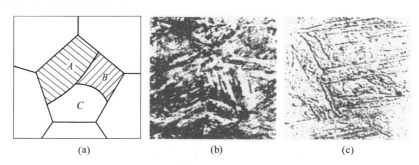

图 4-16　板条状马氏体的形态

（a）示意图；（b）光学显微像；（c）电镜像

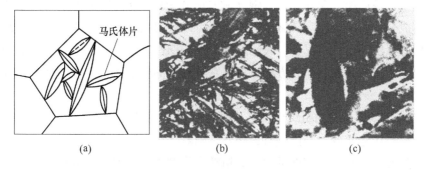

图 4-17　针状马氏体的形态

（a）示意图；（b）光学显微像；（c）电镜像

4.2.2.4 马氏体的性能

马氏体的性能主要取决于马氏体的碳含量与组织形态。

（1）强度与硬度。马氏体的强度与硬度主要取决于马氏体中碳的质量分数。随着马氏体中碳的质量分数的升高，强度与硬度随之升高，但当钢中碳的质量分数大于0.6%时，淬火钢的硬度增加很慢，如图4-18所示。通常合金元素对钢中马氏体硬度的影响不大，含碳量对马氏体硬度的影响主要是由于过饱和碳原子引起的固溶强化造成的。

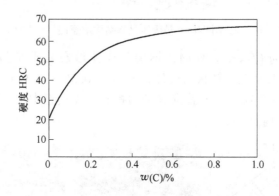

图4-18 碳的质量分数对马氏体硬度的影响

（2）塑性与韧性。马氏体的塑性与韧性同样受碳含量的影响，可在相当大的范围内变动。随着马氏体中碳含量的提高，塑性与韧性急剧下降，而低碳板条状马氏体具有良好的塑性与韧性，是一种强韧性很好的组织，而且有较高的断裂韧度、低的冷脆转变温度和过载敏感性。所以，对低碳钢或低碳合金钢采用强烈淬火以获得板条状马氏体的工艺在矿山、石油、汽车、机车车辆、起重机制造等行业应用日益广泛。此外，中碳钢（$w(C)=0.3\%\sim0.6\%$）也可采用高温加热使奥氏体成分均匀，消除富碳微区，淬火时可以获得较多的板条状马氏体组织，从而在屈服强度不变的情况下，大幅度提高钢的韧性。对于高碳钢工件，采用较低温度快速、短时间加热淬火方法也可以获得较多的板条状马氏体，从而提高钢的韧性。

（3）比体积。钢的组织中，马氏体的比体积最大，奥氏体最小，珠光体居中，所以奥氏体转变为马氏体时，必然伴随着体积膨胀而产生内应力。马氏体中碳的质量分数越高，正方度越大，晶格畸变程度越大，比体积也越大，故产生的内应力也越大，这就是高碳钢淬火易裂的原因。但也可利用这一效应，使淬火零件表层产生残留压应力，提高疲劳性能。

4.3　钢的退火与正火

4.3.1　钢的退火

4.3.1.1　退火的定义

退火是将钢加热到适当温度，保温一定时间，然后缓慢冷却（一般随炉冷却）的热处理方法。

4.3.1.2　退火的目的

（1）降低硬度，提高塑性，改善切削加工性能。

（2）细化晶粒，均匀成分，为最终热处理做好准备。

（3）消除钢中的残留应力，防止变形和开裂。

4.3.1.3　常用的退火方法

根据钢的化学成分和退火的目的不同，退火方法可分为完全退火、球化退火、去应力退火和等温退火等。

（1）完全退火。完全退火又称为重结晶退火，这种退火主要用于亚共析钢成分的各种碳钢和合金钢的铸、锻件及热轧型材，有时也用于焊接结构件。完全退火一般常作为一些不重要工件的最终热处理，或作为某些重要件的预备热处理。完全退火操作是将亚共析钢工件加热到 Ac_3 以上 $30 \sim 50 ℃$，保温一定时间后随炉缓慢冷却，以获得接近平衡组织的工艺。完全退火全过程所需时间非常长，特别是对于某些奥氏体比较稳定的合金钢，往往需要数十小时，甚至数天的时间。在实际生产中，为了提高生产效率，随炉缓慢冷却至 $500℃$ 左右可出炉空冷。在完全退火加热过程中，钢的组织全部转变为奥氏体，在冷却过程中，奥氏体转变为细小而均匀的平衡组织（铁素体+珠光体），从而达到了降低硬度、细化晶粒、消除内应力的目的。

（2）球化退火。球化退火主要用于共析钢或过共析钢及合金工具钢制造的刃具、量具、模具和滚动轴承等，其主要目的在于降低硬度，改善切削加工性能，并为以后淬火做好准备。球化退火是将钢加热到 Ac_1 以上 $20 \sim 30℃$，保温一定时间后随炉缓慢冷却至 $600℃$ 后出炉空冷，得到球状珠光体组织（铁素体基体上分布着球形细粒状渗碳体）的工艺过程。球化退火可使网状二次渗碳体及珠光体中的片层渗碳体全部都发生球化，变成球状珠光体。球状珠光体的显微组织如图 4-19 所示，这种组织远较片层状珠光体与网状二次渗碳体组织的硬度为低。为了便于球化过程的进行，对于网状碳化物较严重者，可在球化退火之前先进行一次正火。

图 4-19 球状珠光体的显微组织

（3）去应力退火。去应力退火又称为低温退火，主要用来去除铸件、锻件、焊接件、热轧件、冷拉伸件及机械加工件等的残留内应力。如果这些内应力不消除，将会使钢件在一定时间以后，或在随后的切削加工过程中产生变形或开裂，降低机器的精度，甚至会发生事故。

去应力退火操作一般是将钢件随炉缓慢加热（100~150℃/h）至 500~650℃（低于 A_1），经一段时间保温后，随炉缓慢冷却（50~100℃/h）至 200℃ 以下出炉空冷。去应力退火过程不发生组织转变，仅消除残余应力。

（4）等温退火。将钢加热到 Ac_1 或 Ac_3 以上某一温度，保温后以较快速度冷却到珠光体温度区间内的某一温度并等温保持，使奥氏体转变为珠光体型组织，然后出炉空冷的退火工艺。等温退火克服了完全退火全过程所需时间非常长的不足，大大缩短了整个退火的过程。

等温退火的目的与完全退火相同，但等温退火后组织均匀，性能一致，且生产周期短，主要用于中碳合金钢及一些高合金钢的大型铸锻件及冲压件等。

4.3.2 正火

4.3.2.1 正火的定义

正火就是将钢加热到 Ac_3 或 Ac_{cm} 以上 30~50℃，保温一定时间后，在静止空气中冷却的热处理方法。

4.3.2.2 正火与退火的区别

正火与退火的目的基本相同，正火加热的温度稍高，冷却速度稍快，得到的组织较细小，所以强度、硬度比退火的高，见表4-3。由于正火操作简便，生产周期短，成本低，所以在满足使用性能的前提下，应优先选用正火。

表4-3　45钢退火、正火状态的力学性能比较

状态	σ_b/MPa	δ/%	a_K/J·cm^{-2}	HBW
正火	700~800	15~20	50~80	≤220
退火	650~700	15~20	40~60	≤180

4.3.2.3　正火的目的

（1）改善钢的切削加工性能。碳的质量分数低于0.25%的碳素钢和低合金钢退火后硬度较低，切削加工时易于粘刀。通过正火处理，可以减少钢中的自由铁素体，获得细片状珠光体，使硬度提高，可以改善钢的切削加工性，提高刀具的寿命和工件的表面光洁程度。

（2）消除热加工缺陷。中碳结构钢铸、锻、轧件以及焊接件在热加工后易出现粗大晶粒等过热缺陷和带状组织，通过正火处理可以消除这些缺陷组织，达到细化晶粒、均匀组织、消除内应力的目的。

（3）消除过共析钢的网状碳化物，便于球化退火。过共析钢在淬火之前要进行球化退火，以便于切削加工，并为淬火做好组织准备。但当过共析钢中存在严重的网状碳化物时，将达不到良好的球化效果。通过正火处理可以消除网状碳化物。

（4）提高普通结构零件的力学性能。一些受力不大、性能要求不高的碳钢和合金钢零件，采用正火处理，可达到一定的综合力学性能，可以代替调质处理，作为零件的最终热处理。

4.3.2.4　退火和正火的选择

（1）$w(C) < 0.25%$的低碳钢，通常采用正火代替退火。因为较快的冷却速度可以防止低碳钢沿晶界析出游离二次渗碳体，从而提高冲压件的冷变形性能；采用正火可以提高钢的硬度，改善低碳钢的切削加工性能；在没有其他热处理工序时，采用正火可以细化晶粒，提高低碳钢强度。

（2）$w(C) = 0.25% \sim 0.50%$的中碳钢也可用正火代替退火，虽然接近上限碳量的中碳钢正火后硬度偏高（见图4-20），但尚能进行切削加工，而且正火成本低，生产率高。

（3）$w(C)=0.50\%\sim0.75\%$ 的钢，因含碳量较高，正火后的硬度显著高于退火状态，难以进行切削加工，故一般采用完全退火，以降低硬度，改善切削加工性。

（4）$w(C)>0.75\%$ 的高碳钢或工具钢，一般均采用球化退火作为预备热处理。如有网状二次渗碳体存在，则应先进行正火，再进行球化退火。

各种退火和正火加热温度范围及工艺曲线，如图 4-20 所示。

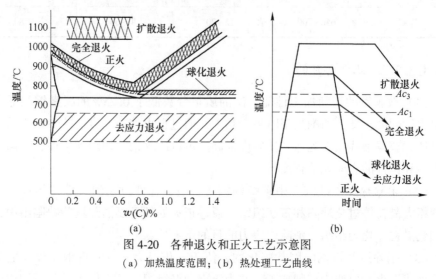

图 4-20　各种退火和正火工艺示意图

（a）加热温度范围；（b）热处理工艺曲线

总之，正火比退火生产周期短，成本低，操作方便，故在可能的条件下应优先采用正火。但在零件形状较复杂时，由于正火的冷却速度快，有引起变形开裂的危险，则采用退火为宜。

4.4　钢的淬火

淬火是将钢加热到 Ac_3 或 Ac_1 以上某一温度，保温一定时间，然后以适当速度冷却，获得马氏体或下贝氏体组织的热处理方法。

4.4.1　淬火工艺

4.4.1.1　淬火加热温度

淬火加热温度依据 Fe-Fe$_3$C 相图上的临界点来选择。为了防止奥氏体晶粒粗化，一般淬火温度不宜太高，只允许超出临界点 30~50℃。对亚共析钢，适宜的淬火加热温度一般为 $Ac_3+(30\sim50)$℃，目的是获得细小奥氏体晶粒，淬火后得到均匀细小的马氏体组织。如果加热温度过高，则会引起奥氏体晶粒粗大，淬火后的组织为粗大马氏体，使淬火后钢的脆性增大，力学性能降低；如果加热温度过低，淬火组织中将出现铁素体，使淬火后硬度不足，强度不高，耐磨性降低。对共析钢和过共析钢，适宜的淬火加热温度一般为 $Ac_1+(30\sim50)$ ℃，淬火后获得均匀细小的马氏体基体，其上均匀分布着粒状渗碳体组织，保证钢的高硬度和高耐磨性。如果加热到 Ac_{cm} 以上将会导致渗碳体消失，奥氏体晶粒粗化，淬火后得到粗大马氏体组织，同时会引起较严重的变形，而且增大淬火开裂倾向；还由于渗碳体溶解过多，淬火后残留奥氏体量增多，导致钢的硬度和耐磨性下降，脆性增大易产生氧化和脱碳现象。如果淬火加热温度过低，则可能得到非马氏体组织，淬火后钢的硬度达不到要求。

对于合金钢，因为大多数合金元素能阻碍奥氏体晶粒长大（除 Mn，P 外），所以它们的淬火温度允许比碳钢稍微提高一些，这样可使合金元素充分溶解和均匀化，以便淬火取得较好效果。

4.4.1.2 淬火冷却介质

工件进行淬火冷却所使用的介质称为淬火冷却介质。理想的淬火冷却介质应具备的条件是使工件既能碎成马氏体，又不致引起太大的淬火应力。这就要求在等温转变图的"鼻子"以上温度缓冷，以减小急冷所产生的热应力；在"鼻子"处冷却速度要大于临界冷却速度，以保证过冷奥氏体不发生非马氏体转变；在"鼻子"下方，特别是 M_s 点以下温度时，冷却速度应尽量小，以减小组织转变的应力。钢的理想淬火冷却速度曲线如图 4-21 所示。但是，在实际生产中，到目前为

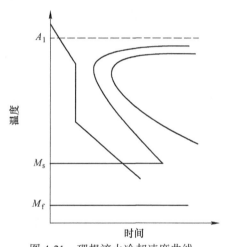

图 4-21　理想淬火冷却速度曲线

止，还没有找到一种淬火冷却介质能符合这一理想淬火冷却速度。

常用的淬火冷却介质有矿物油、水、盐水、碱水等，其冷却能力依次增加。

（1）矿物油。油冷却介质一般采用矿物质油（矿物油），如全损耗系统用油、变压器油和柴油等。全损耗系统用油一般采用 L-ANIS、L-AN32 及 L-AN46 号油，油的号数越大，黏度越大，闪点越高，冷却能力越低，使用温度相应提高。

油的冷却能力很弱，在 650～550℃ 阶段，其冷却强度仅为水的 25%；在 300～200℃ 阶段，仅为水的 11%。在生产上用油作淬火冷却介质只适用于过冷奥氏体稳定性比较大的一些合金钢或小尺寸的碳钢工件的淬火。

（2）水。水是冷却能力较强的淬火冷却介质，来源广，价格低，成分稳定不易变质。其缺点是在等温转变图的"鼻子"区（500~600℃），水处于蒸汽膜阶段，冷却不够快，会形成软点；而在马氏体转变温度区（300~100℃），水处于沸腾阶段，冷却太快，易使马氏体转变速度过快而产生很大的内应力，致使工件变形甚至开裂；当水温升高时，水中含有较多气体或水中混入不溶杂质（如油、肥皂、泥浆等），均会显著降低其冷却能力。因此，水适用于截面尺寸不大、形状简单的碳素钢工件的淬火冷却。

（3）盐水和碱水。在水中加入适量的食盐和碱，使高温工件浸入该淬火冷却介质后，在蒸汽膜阶段析出盐和碱的晶体并立即爆裂，将蒸汽膜破坏，工件表面的氧化皮也被炸碎，这样可以提高介质在高温区的冷却能力（盐水在650~550℃范围内冷却速度快）。其缺点是介质的腐蚀性大，且在200~300℃的温度范围内冷却速度仍然很快，这将使工件变形严重，甚至发生开裂。

常用盐水的质量分数为0%~5%，过高的浓度不但不能增加冷却能力，相反，由于溶液的黏度增加，冷却速度反而有降低的趋势，但含量过低也会减弱冷却能力，所以水中食盐的浓度应经常注意调整。盐水比较适用于形状简单、硬度要求高而均匀、表面粗糙度要求高、变形要求不严格的碳钢及低合金结构钢工件的淬火，使用温度不应超过60℃，淬火后应及时清洗并进行防锈处理。在分级淬火和等温淬火中一般用熔盐浴和熔碱浴淬火介质。新型淬火剂有聚乙烯醇水溶液和三硝水溶液等。

4.4.1.3 淬火方法

为了达到较理想的淬火效果，除了正确进行加热及合理选择冷却介质外，还应根据工件的材料、尺寸、形状及技术要求，选择合适的淬火方法。生产上常用的淬火方法有单介质淬火、双介质淬火、马氏体分级淬火、贝氏体等温淬火和复合淬火，如图4-22所示。

（1）单介质淬火。将钢件奥氏体化后，在一种淬火介质中连续冷却至室温的操作方法称为单介质淬火，如图4-23所示。

单介质淬火的优点是操作简单，易实现机械化和自动化，应用广泛。其缺点是由于单独使用油或水，综合冷却性能不理

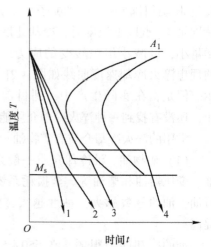

图 4-22 各种淬火方法的冷却示意图
1—单介质淬火；2—双介质淬火；
3—马氏体分级淬火；4—贝氏体等温淬火

想，水淬容易产生变形和裂纹；油中淬火冷却速度小，容易产生硬度不足或硬度不均等现象。

在应用单介质淬火时，水或盐水用于大尺寸和淬透性差的碳钢件的淬火；油则适用于淬透性较好的合金钢件及小尺寸的碳钢件的淬火。

（2）双介质淬火。将钢件奥氏体化后，先浸入冷却能力较强的介质中，冷却至接近 M_s 点温度时，立即将工件取出转入另一种冷却能力较弱的介质中冷却，使其发生马氏体转变的淬火方法称为双介质淬火，如图 4-24 所示。

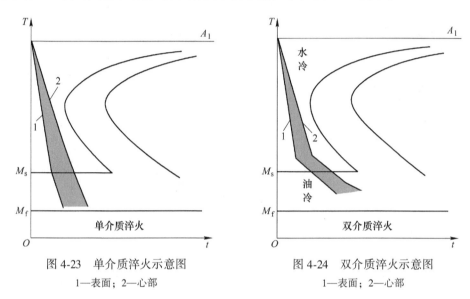

图 4-23 单介质淬火示意图
1—表面；2—心部

图 4-24 双介质淬火示意图
1—表面；2—心部

双介质淬火主要适用于形状较复杂的碳钢件及尺寸较大的合金钢件。例如，形状复杂的碳钢工件常采用水淬油冷的方法，即先在水中冷却到 300℃ 后再放入油中冷却；而合金钢工件则采用油淬空冷，即先在油中冷却后在空气中冷却。

（3）马氏体分级淬火。在淬火冷却过程中，将已奥氏体化的钢件浸入温度在 M_s 点附近的盐浴或碱浴中，保温适当时间，待工件内外层均达到介质温度后取出空冷，以获得马氏体组织的淬火方法称为马氏体分级淬火。这种方法可有效地减小淬火内应力，防止工件变形和开裂，但由于盐浴的冷却速度不够快，淬火后会出现非马氏体组织，温度也难以控制。所以，马氏体的分级淬火主要用于淬透性好的合金钢或尺寸较小、形状复杂的碳钢零件，如小尺寸的模具钢常用此方法。

（4）贝氏体等温淬火。对于一些不但形状复杂，而且要求具有较高硬度和强韧性的工具、模具等工件，则可采用将工件奥氏体化后，快速冷却到贝氏体转变温度区间，转变为下贝氏体组织的淬火方法，如图 4-25 所示。这种方法可以显著减小淬火应力和变形，使工件具有较高的强度、耐磨性和较好的塑性、韧性，适用于截面尺寸小、形状复杂、尺寸精确及综合力学性能要求较高的工件，如模具、成形刀具等。

（5）局部淬火。有些工件按其工作条件，如果只是局部要求高硬度，则可进行局部加热淬火的方法，以避免工件其他部位产生变形和开裂。图 4-26 所示为卡规的局部淬火。

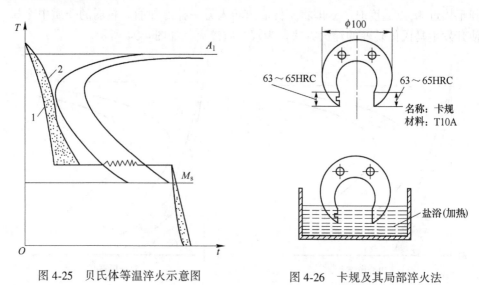

图 4-25　贝氏体等温淬火示意图
1—表面；2—心部

图 4-26　卡规及其局部淬火法

（6）冷处理。为了尽量减少钢中的残留奥氏体，以获得最大数量的马氏体，可以进行冷处理，即把淬火冷却到室温的钢继续冷却到 −70～−80℃（也可冷到更低的温度），保持一段时间，使残留奥氏体在继续冷却过程中转变为马氏体，这样可提高钢的硬度和耐磨性，并稳定钢件的尺寸。采用此法时，必须防止冷处理时钢件产生裂纹，故可考虑先回火一次，然后进行冷处理，冷处理后再进行回火。

（7）复合淬火。将工件急冷至 M_s 以下获得体积分数为 10%～20% 的马氏体，然后在下贝氏体温度区等温，这种冷却方法可使较大截面的工件获得 M+B 下组织。预淬时形成的马氏体可促进下贝氏体转变，在等温时又使马氏体回火。复合淬火用于合金工具钢工件，可避免回火脆性，减少残留奥氏体量和变形开裂倾向。各种淬火方法的冷却方式、特点及应用见表 4-4。

表 4-4　各种淬火方法的冷却方式、特点及应用

淬火方法	冷却方式	特点和应用
单介质淬火	将奥氏体化的工件放入一种淬火介质中一直冷却到室温	操作简单，易实现机械化和自动化，适用于形状简单的钢件

淬火方法	冷却方式	特点和应用
双介质淬火	将奥氏体化的工件在水中冷却到接近 M_s 点时,立即取出放入油中冷却	防止马氏体转变时钢件发生裂纹,常用于形状复杂的合金钢
分级淬火	将奥氏体化的工件放入温度稍高于 M_s 点的盐浴中,使工件各部位与盐浴的温度一致后,取出空冷完成马氏体转变	可大大减少热应力和变形开裂倾向,但盐浴的冷却能力较低,故只适用于截面尺寸小于 10mm 的钢件,如刀具和量具等
等温淬火	将奥氏体化的工件放入温度稍高于 M_s 点的盐浴中,在该温度下保温,使过冷奥氏体转变为下贝氏体组织后,取出空冷	常用来处理形状复杂、尺寸要求精确、强韧性高的工具、模具和弹簧等
局部淬火	对工件局部要求硬化的部位进行加热淬火	主要用于对零件的局部有高硬度要求的工件
冷处理	把淬火冷却到室温的钢继续冷却到 $-70 \sim -80℃$,使残留奥氏体转变为马氏体,然后低温回火,消除应力,稳定组织	可提高硬度、耐磨性、稳定尺寸,适用于一些高精度的工件,如精密量具、精密丝杠、精密轴承等
复合淬火	将工件急冷至 M_s 以下获得体积分数为 10% ~ 20% 的马氏体,然后在下贝氏体温度区等温,获得 $M+B_下$ 组织	可使较大截面的工件获得 $M+B_下$ 组织,适用于合金工具钢工件,可避免回火脆性,减少残留奥氏体量和变形开裂倾向

4.4.2 钢的淬透性与淬硬性

4.4.2.1 淬透性

淬透性是指在规定条件下,钢在淬火冷却时获得马氏体组织深度的能力。淬透性是钢的主要热处理性能指标,它对于钢材的选用及制定热处理工艺具有重要的意义。影响淬透性的因素是钢的临界冷却速度,凡是增加过冷奥氏体稳定性,降低临界冷却速度的因素(主要是钢的化学成分),均能提高钢的淬透性。图4-27 所示为工件淬透层与淬火冷却速度的关系,图中马氏体区表示淬透层深度(或淬硬层深度)。

淬透性对钢的力学性能影响很大,如图 4-28 所示。实践证明,淬透性好的钢,淬火冷却后由表面到心部均获得马氏体组织,因此由表面到心部性能一致,具有良好的综合力学性能;而淬透性低的钢,心部的力学性能低,尤其是冲击韧度更低。因此,对于截面尺寸大、形状复杂、要求综合力学性能好的工件,如机床主轴、连杆、螺栓等,应选用淬透性良好的钢材。另外,淬透性好的钢可在较

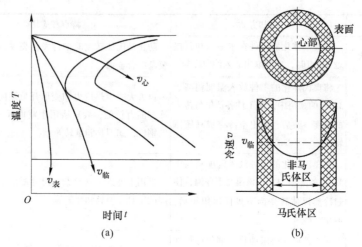

图 4-27　工件淬透层与淬火冷却速度的关系
（a）工件的连续冷却曲线；（b）工件淬火后淬透层的剖面图

缓和的淬火冷却介质中冷却，以减小变形，防止开裂；而焊接件则应选用淬透性较差的钢，以避免在焊缝热影响区出现淬火组织，造成焊件开裂。

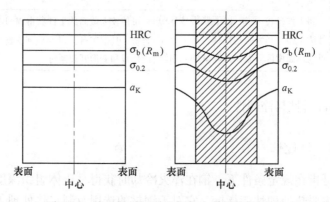

图 4-28　淬透性对调质后钢的力学性能的影响

4.4.2.2　淬硬性

淬硬性是指钢在理想条件下进行淬火所能达到最高硬度的能力。淬硬性的主要影响因素是钢中碳的质量分数，碳的质量分数越高，淬硬性越高；反之，淬硬性越低。

淬透性和淬硬性是两个完全不同的概念，它们之间相互独立，互不相关。淬透性好的材料淬硬性不一定好，相反，淬硬性好的材料淬透性也不一定好。在实际应用的过程中一定要根据不同要求合理选材，不能盲目选取，所以应学会从根本上区分这两个概念，只有概念清晰，才能正确选用。

4.4.3 淬火缺陷

4.4.3.1 氧化与脱碳

氧化是指对工件加热时，介质中的氧、二氧化碳和水蒸气与钢件表面的铁起反应生成氧化物的过程。氧化的结果是形成一层松脆的氧化铁皮，造成金属损耗，并会使钢件表面硬度不均，丧失原有精度，甚至造成废品。

4.4.3.2 过热与过烧

由于加热温度过高，或保温时间过长，使奥氏体晶粒粗化的现象称为过热。过热钢淬火后具有粗大的针状马氏体组织，其韧性较低。加热温度接近于开始熔化的温度，沿晶界处产生熔化或氧化的现象称为过烧。过烧后钢的强度很低，脆性很大。

以上两种缺陷都是由于加热温度过高或保温时间过长造成的，因此一要正确制定淬火工艺，二要经常观察仪表和炉膛火色，掌握好加热温度。对于过热的钢件可以通过一次或两次正火或退火来消除，过烧则无法补救。

4.4.3.3 变形与开裂

淬火时的变形和开裂是零件热处理产生废品的主要原因之一。

A 引起变形和开裂的原因

在冷却过程中由于热应力与组织应力的共同作用，常使零件产生变形，有的甚至出现表面裂纹。热应力是在加热或冷却过程中，零件由表面至心部各层的加热或冷却速度不一致造成的。淬火冷却过程中零件表面存在的组织应力常为拉应力，其危害最大，它是在冷却过程中由零件表层至心部各层奥氏体转变为马氏体先后不一致造成的。

零件淬火后出现变形、开裂，其热处理方法不当是重要因素。例如，加热温度过高造成奥氏体晶粒粗大，合金钢加热速度快造成热应力加大，加热时工件氧化、脱碳严重，以及淬火冷却介质选择不当，工件进入淬火冷却介质的方式不对等诸因素都会导致工件变形甚至开裂。但是，在正常的淬火工艺下要从材质本身及前序冷热加工中寻找原因，如钢材内在夹杂物含量、化学成分、异常组织等超过标准要求，淬火之前工件表面存在裂纹、有深的加工刀痕，以及零件形状设计不合理等因素都会导致淬火过程中零件变形甚至开裂。

B 防止零件变形、开裂的措施

(1) 正确选材和合理设计，对于形状复杂、截面变化大的零件，应选用淬透性好的钢材，以便采用较缓和的淬火冷却方式。在零件结构设计中，应注意热处理结构工艺性。

（2）淬火前进行相应的退火或正火，以细化晶粒并使组织均匀化，减少淬火内应力。

（3）严格控制淬火加热温度，防止过热缺陷，同时也可减少淬火时的热应力。

（4）采用适当的冷却方法，如双介质淬火、马氏体分级淬火或贝氏体等温淬火等。淬火时尽可能使零件均匀冷却，对于厚薄不均匀的零件，应先将厚大部分淬入介质中。对于薄件、细长杆件和复杂件，可采用夹具或专用淬火压床控制淬火时的变形。

（5）淬火后应立即回火，以消除应力，降低工件的脆性。

4.4.3.4　硬度不足和软点

淬火后零件硬度偏低和出现软点的主要原因是：

（1）亚共析钢加热温度低或保温时间不充分，淬火组织中有残留铁素体。

（2）加热过程中钢件表面发生氧化、脱碳、淬火后局部生成非马氏体组织。

（3）淬火时冷却速度不足或冷却不均匀，未全部得到马氏体组织。

（4）淬火介质不清洁，工件表面不干净，影响了工件的冷却速度，致使工件未能全部淬硬。

对出现硬度不足的钢件，可在正常的工艺规范下重新进行淬火，但在淬火前应先进行一次正火或退火处理，以消除内应力或其他组织缺陷。对留有大量残留奥氏体的钢件，可以采用冷处理来提高其硬度。

淬火零件出现的硬度不均匀称为软点，它与硬度不足的主要区别是在零件表面上硬度有明显的忽高忽低现象。出现软点的钢件，除了因脱碳和氧化造成的以外，仍可进行重新淬火，在重新淬火前将钢件进行一次正火或退火，然后再在较为强烈的淬火冷却介质中淬火，或采用将淬火温度比正常淬火温度提高 20~30℃ 等办法来补救。

4.5　钢的回火

淬火后的零件必须进行回火，这是因为钢经淬火后虽然硬度提高了，但其塑性、韧性很差，淬火后组织是不稳定的，且零件处于内应力很高的状态，这种内应力必须及时予以消除，如不及时进行回火，会造成零件变形甚至开裂。回火是将淬火后的工件再加热到 Ac_1 以下某一温度，保持一定时间，然后冷却到室温的热处理方法。通过选择不同的回火温度可以获得不同的组织，以达到调整性能的目的。回火是热处理的最后一道工序，而且对钢的性能影响很大，从这一意义上来讲，可以认为回火操作决定了零件的使用性能和寿命。回火的目的主要有以下几点：

（1）降低脆性，减小或消除淬火应力。工件经淬火后存在很大的内应力和脆性，如不及时回火往往会使钢件发生变形甚至开裂。

（2）获得工件所需要的力学性能。工件经淬火后，硬度高、脆性大，为了满足各种工件不同性能的要求，可以通过适当的回火来调整硬度，减小脆性，得到所需要的韧性、塑性。

（3）稳定组织和尺寸。淬火马氏体和残留奥氏体在淬火钢中都是不稳定的组织组成物，它们会自发地向稳定的铁素体和渗碳体或碳化物两相混合物的组织进行转变，从而引起工件尺寸和形状的继续改变。利用回火处理可以使组织转变为稳定组织，从而保证工件在使用过程中不再发生尺寸和形状的改变。

（4）对于退火难以软化的某些合金钢，在淬火（或正火）后常采用高温回火，使钢中碳化物适当聚集，将硬度降低，以利切削加工。

4.5.1 钢在回火时组织和性能的变化

以共析钢为例，淬火后钢的组织由马氏体和残留奥氏体组成，它们都是不稳定的，有自发转变为铁素体和渗碳体平衡组织的趋势，但在室温下原子的活动能力很差，这种转变速度很慢。淬火钢的回火正是促使这种转变易于进行，这种转变称为回火转变。

在淬火钢中马氏体是比体积最大的组织，而奥氏体是比体积最小的组织。在发生回火转变时，必然会伴随明显的体积变化。当马氏体发生转变时，钢的体积将减小；当残留奥氏体发生转变时，钢的体积将增大。因此，根据淬火钢在回火时的体积变化，就可以了解回火时的相变情况。根据转变情况不同，回火过程一般有以下4个阶段的变化。

（1）马氏体的分解。在温度低于100℃回火时，钢的体积没有发生变化，表明降火钢中没有明显的转变发生，此时只发生马氏体中碳原子的偏聚，而没有开始分解。

在100~200℃回火时，钢的体积发生收缩，即发生回火的第一次转变。在此温度下，马氏体开始分解，马氏体中的过饱和碳原子以极细小碳化物形式析出，使马氏体中碳的质量分数降低，过饱和程度下降，它的正方度减小，晶格畸变程度减弱，内应力有所降低。此过程形成由过饱和程度降低的马氏体和细小碳化物组成的组织。虽然马氏体中碳的过饱和程度降低，硬度有所下降，但析出的碳化物对基体又起到强化作用。所以，此阶段仍保持淬火钢的高硬度和高耐磨性，但内应力下降，韧性有所提高。

（2）残留奥氏体的分解。当温度升至200~300℃时，马氏体继续分解，同时残留奥氏体也开始分解，转变为下贝氏体组织。钢中最小比体积的残留奥氏体发生分解，使钢的体积发生膨胀，此阶段虽然马氏体继续分解会降低钢的硬度，但是由于同时出现软的残留奥氏体分解为较硬的下贝氏体，所以使钢的硬度没有明显降低，内应力进一步减小。

（3）渗碳体的形成。当回火温度加热到 300～400℃ 时，钢的体积又发生收缩，这表明，从过饱和固溶体中继续析出碳化物并逐渐转变为细小颗粒状渗碳体，到达 400℃ 时，α-Fe 中的过饱和碳基本析出，α-Fe 的晶格恢复正常，内应力基本消除。此时形成由铁素体和细粒状渗碳体组成的混合物。

（4）渗碳体的聚集长大。碳钢淬火后在回火过程中发生的组织转变主要有马氏体和残留奥氏体的分解，碳化物的形成和聚集长大，以及 α-Fe 的回复与再结晶等，随回火温度的不同可得到三种类型的回火组织。

1）回火马氏体。高碳钢淬火后在 150～250℃ 低温回火时所获得的组织在显微镜下观察时，可看到回火马氏体保持着片状形态；中碳钢淬火后得到板条状马氏体和片状马氏体的混合组织，低温回火后所得到的回火马氏体仍然保持板条状和片状形态；低碳钢淬火后得到低碳板条状马氏体组织，经低温回火后只有碳原子的偏聚，没有碳化物的析出，其形态保持不变。

2）回火托氏体。在 350～500℃ 范围内回火所得到的组织为回火托氏体，它的渗碳体是颗粒状的。

3）回火索氏体。在 500～650℃ 范围内回火所得到的组织为回火索氏体，它的渗碳体颗粒比回火托氏体粗，弥散度较小。

图 4-29 所示为 45 钢的回火显微组织。

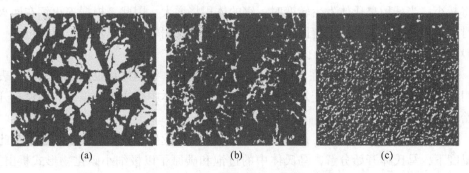

(a)　　　　　　　　　　(b)　　　　　　　　　　(c)

图 4-29　45 钢的回火显微组织
(a) 回火马氏体；(b) 回火托氏体；(c) 回火索氏体

4.5.2　回火的方法及其应用

通过不同温度的回火，可以获得不同的组织与性能，从而满足不同使用性能的要求。回火属于最终热处理，根据回火温度范围不同，可将回火分为低温回火、中温回火及高温回火三种类型。

（1）低温回火（低于250℃）。低温回火得到回火马氏体组织，保持了淬火钢高的硬度和耐磨性，降低了内应力，减小了脆性。低温回火硬度一般为58～64HRC，主要用于高碳钢及合金工具钢制造的刀具、量具、冷作模具、滚动轴承及渗碳件、表面淬火件等。

（2）中温回火（350～500℃）。中温回火得到回火托氏体组织，使工件获得高的弹性极限、屈服强度和一定的韧性。中温回火的硬度一般为35～50HRC，主要用于弹性件及热锻模等。

（3）高温回火（500～650℃）。高温回火得到回火索氏体组织，有较高的强度、良好的塑性和韧性，即具有良好的综合力学性能。高温回火的硬度一般为200～330HBW，生产上常把淬火加高温回火的复合热处理称为调质处理。调质处理广泛应用于各种重要的结构零件，特别是那些在交变载荷下工作的轴类、连杆、螺栓、齿轮等零件。

钢件经调质处理后的组织为回火索氏体，其中渗碳体呈颗粒状，不仅强度、硬度比正火钢高，而且塑性和韧性也远高于正火钢。因此，一些重要零件一般都用调质处理而不采用正火。

4.5.3 回火脆性

一般情况下，随着回火温度的升高，淬火钢回火后的冲击韧度要连续提高。在400℃以上回火时，冲击韧度提高尤为显著，至600～650℃时达最大值，随后冲击韧度反而降低，如图4-30所示。

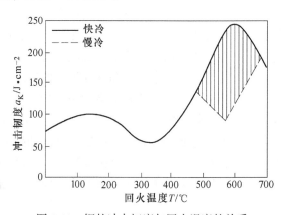

图4-30　钢的冲击韧度与回火温度的关系

但在有些结构钢中发现，在250～350℃回火后冲击韧度显著降低，甚至比在150～200℃低温回火时的冲击韧度还要低，这种现象称为回火脆性。对某些合金结构钢在450～550℃长时间回火或更高温度回火后缓冷，又出现冲击韧度值降低的现象，而在这一温度回火后快冷则没有上述现象，这也是一种回火脆性。前者称为不可逆回火脆性，后者称为可逆回火脆性。

4.6 钢的表面热处理

在扭转和弯曲等交变载荷及冲击载荷的作用下工作的机械零件，如各种齿轮、凸轮、曲轴、活塞销及传动轴等工件，如图 4-31 所示，它们的表面层承受着比心部高的应力，在有摩擦的场合，表面层还不断地被磨损。因此，对零件的表面层提出了强化的要求，要求它的表面具有高的强度、硬度、耐磨性和疲劳极限，心部仍保持足够的塑性和韧性，即达到零件"外硬内韧"的性能要求。

图 4-31　表面和心部性能要求不同的零件

通过选择不同的材料或普通热处理的方法都难以满足零件要求，为了达到这样的性能要求，就需要进行表面热处理，即表面淬火或化学热处理。

4.6.1　表面淬火处理

钢的表面淬火是仅对工件表面进行淬火以改善表层组织和性能的热处理方法。表面淬火是强化钢件表面的重要手段，由于它具有工艺简单、热处理变形小和生产率高等优点，在生产上应用极为广泛。表面淬火主要是通过快速加热与立即淬火冷却相结合的方法来实现的，即利用快速加热使钢件表面很快地达到淬火温度，而不等热量传至中心，即迅速予以冷却，如此便可以只使表层被淬硬为马氏体，而中心仍为未淬火组织，即原来塑性和韧性较好的退火、正火或调质状态的组织。实践证明，表面淬火用钢碳的质量分数以 0.40% ~ 0.50% 为宜。如果提高含碳量，则会增加淬硬层脆性，降低心部塑性和韧性，并增加淬火开裂倾向。相反，如果降低含碳量，则会降低零件表面淬硬层的硬度和耐磨性。

根据加热方法不同，表面淬火方法主要有感应淬火、火焰淬火、接触电阻加热淬火以及电解液淬火等几种。工业中应用最多的为感应淬火和火焰淬火，下面分别进行叙述。

4.6.1.1　感应淬火

感应淬火是利用感应电流通过工件所产生的热量，使工件表面、局部或整体加热，并进行快速冷却的淬火工艺。

A　感应淬火原理

把工件放在由空心铜管绕成的感应器中，当感应器中通入一定频率的交流电时，在感应器内部或周围便产生交变磁场，在工件内部就会产生频率相同、方向相反的感应电流，这种电流在工件内部自成回路，称为涡流。由于涡流在工件内部分布是不均匀的，表面电流密度大，心部电流密度小，通入感应器中的电流频率越高，涡流就越集中于工件表面，这种现象称为趋肤效应。由于钢件本身具有电阻，因而集中于工件表面的电流可使表层迅速被加热，在几秒钟内即可使温度上升至 800~1000℃，而心部温度仍接近于室温。图 4-32 所示为工件与感应器的工作位置以及工件截面上电流密度的分布。一旦工件表层上升至淬火加热温度时即迅速冷却，就可达到表面淬火的目的。

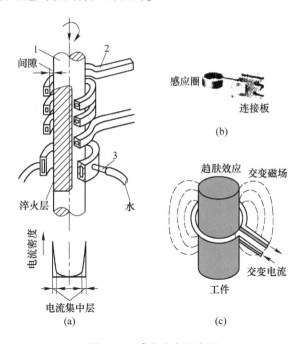

图 4-32　感应淬火示意图
（a）工件与感应器的位置及电流分布；（b）感应器示意图；（c）原理示意图
1—工件；2—感应线圈；3—冷却水管

感应淬火一般用于中碳钢（40 钢、45 钢）和中碳合金钢（40Cr 钢、40MnB钢）制作的齿轮、轴、销等零件，也可用于高碳工具钢及铸铁件。

B　感应加热的频率

选用感应电流透入工件表层的深度（mm）主要取决于电流频率（Hz），频率越高，电流透入深度越浅，即淬透层越薄。因此，可选用不同频率来达到不同要求的淬透层深度。

C 感应淬火的特点

感应淬火具有以下特点：

(1) 加热速度极快，加热时间短（几秒到几十秒）。

(2) 感应淬火件的晶粒细、硬度高（比普通淬火高 2~3HRC），且淬火质量好。

(3) 淬硬层深度易于控制，通过控制交流电频率来控制淬硬层深度。

(4) 生产效率高，易实现机械化和自动化，适于大批量生产。感应淬火是表面淬火方法中比较好的一种，因此受到普遍的重视和广泛应用。

D 感应淬火的应用

对于需要感应淬火的工件，其设计技术条件一般应注明表面淬火层硬度、淬火后的表面硬度和心部硬度、强度及韧性，一般用中碳钢和中碳合金钢，如 40钢、45 钢、40Cr 钢、40MnB 钢等，这些钢需经预备热处理（正火或调质处理），以保证工件表面在淬火后得到均匀细小的马氏体，并改善工件，心部硬度、强度以及可加工性，以减少淬火变形。工件在感应淬火后需要进行低温回火（180~200℃），以降低内应力和脆性，获得回火马氏体组织，使表面具有较高的硬度和耐磨性，心部有较高的综合力学性能。另外，铸铁件也适合用感应淬火的方法来强化。

4.6.1.2 火焰淬火

火焰淬火是应用可燃气体（如氧-乙炔火焰）对工件表面进行加热，随即快速冷却以获得表面硬化效果的淬火工艺，如图 4-33 所示。火焰加热温度很高（约 3000℃ 以上），能将工件迅速加热到淬火温度，通过调节烧嘴的位置和移动速度，可以获得不同厚度的淬硬层。

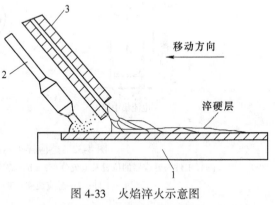

图 4-33 火焰淬火示意图
1—工件；2—烧嘴；3—喷水管

火焰淬火零件材料常采用中碳钢，如 35 钢、45 钢以及中碳合金结构钢，如 40Cr 钢、65Mn 钢等。如果含碳量过低，淬火后硬度较低；碳和合金元素含量过高，则易碎裂。火焰淬火法还可用于对铸铁件，如灰铸铁、合金铸铁进行表面淬火。火焰淬火的淬硬层深度一般为 2~6mm，若要获得更深的淬硬层，往往会引起零件表面严重的过热且易产生淬火裂纹。

火焰淬火后，零件表面不应出现过热、烧熔或裂纹，变形情况也要在规定的技术要求之内。由于火焰淬火方法简便，无须特殊设备，可适用于单件、小批量生产的大型工件和需要局部淬火的工具或零件，如大型轴类、大模数齿轮等的表面淬火。但加热温度和淬硬层深度不易控制，淬火质量不稳定，工作条件差，因此限制了它在机械制造工业中的广泛应用。

4.6.2 钢的化学热处理

化学热处理是将工件在特定的介质中加热、保温，使介质中的某些元素渗入工件表层，以改变其表层化学成分和组织，获得与心部不同性能的热处理工艺。

工业技术的发展，对机械零件提出了各式各样的要求。例如，发动机上的齿轮和轴，不仅要求齿面和轴颈的表面硬而耐磨，还必须能够传递很大的转矩和承受相当大的冲击负荷；在高温燃气下工作的涡轮叶片，不仅要求表面能抵抗高温氧化和热腐蚀，还必须有足够的高温强度等。这类零件对表面和心部性能要求不同，采用同一种材料并经过同一种热处理是难以达到要求的。而通过改变表面化学成分和随后的热处理，就可以在同一种材料的工件上使表面和心部获得不同的性能，以满足上述的要求。

化学热处理与一般热处理的区别在于：前者有表面化学成分的改变，而后者没有表面化学成分的变化。化学热处理后渗层与金属基体之间无明显的分界面，由表面向内部其成分、组织与性能是连续过渡的。

4.6.2.1 化学热处理的分类

由表4-5可见，依据所渗入元素的不同，可将化学热处理分为渗碳、渗氮、渗硼、渗铝等。如果同时渗入两种以上的元素，则称之为共渗，如碳氮共渗、铬铝硅共渗等。渗入钢中的元素，可以溶入铁中形成固溶体，也可以与铁形成化合物。

表 4-5 按渗入元素分类的化学热处理

渗入非金属元素		渗入金属元素		渗入金属、非金属元素
单元	多元	单元	多元	
C	C+N	Al	Cr+Al	Ti+C
N	N+S	Cr	Cr+Si	Ti+N
S	N+O	Si	Si+Al	Cr+C
B	N+C+S	Ti	Cr+Si+Al	Ti+B
	N+C+O	V		
	N+C+B	Zn		

根据渗入元素对钢表面性能的作用，又可分为提高渗层硬度及耐磨性的化学热处理（如渗碳、渗氮、渗硼、渗钒、渗铬），改善零件间抗咬合性及提高抗擦伤性的化学热处理（如渗硫、渗氮），使零件表面具有抗氧化、耐高温性能的化学热处理（如渗硅、渗铬、渗铝）等。表4-6列出了常用化学热处理的特征。

表 4-6 常用化学热处理的特征

化学热处理方法	表层状态	处理温度 /℃	层深范围 /mm	表层硬度 /HRC	适用金属
气体渗碳	碳的扩散层	820~980	0.075~1.5	50~63	低碳钢、低碳合金钢
气体渗氮	氮的扩散层	480~590	0.125~0.75	50~70	合金钢、氮化钢、不锈钢
气体碳氮共渗	扩散层，氮化物	760~870	0.075~0.75	50~65	低碳钢、低碳合金钢、不锈钢
软氮化	碳与氮的扩散层	565~675	0.0025~0.025	40~60	低碳钢
渗硼	硼的扩散层，硼化物	400~1150	0.0125~0.050	40~70	合金钢、工具钢
固体渗铝	铝的扩散层	870~980	0.025~1.0	<20	低碳钢

4.6.2.2 化学热处理的基本过程

化学热处理过程分为分解、吸收和扩散三个基本过程。

（1）分解是指零件周围介质中的渗剂分子发生分解，形成渗入元素的活性原子。例如：$CH_4 \rightleftharpoons 2H_2 + [C]$，$2NH_3 \rightleftharpoons 3H_2 + 2[N]$，其中 [C] 和 [N] 分别为活性碳原子和活性氮原子。活性原子是指初生的、原子态（即未结合成分子）的原子，只有这种原子才能溶入金属中。

（2）吸收是指活性原子被金属表面吸收的过程，其基本条件是渗入元素可与基体金属形成一定溶解度的固溶体，否则吸收过程不能进行。例如，碳不能溶入铜中，如果在钢件表面镀一层铜，便可阻断钢对碳的吸收过程，防止钢件表面渗碳。

（3）扩散是指渗入原子在金属基体中由表面向内部的扩散，这是化学热处理得以不断进行并获得一定深度渗层的保证。从扩散的一般规律可知，要使扩散进行得快，必须要有大的驱动力（浓度梯度）和足够高的温度。渗入元素的原子被金属表面吸收、富集，造成表面与心部间的浓度梯度，在一定温度下，渗入原子就能在浓度梯度的驱动下向内部扩散。

在化学热处理中，分解、吸收和扩散这三个基本过程是相互联系和相互制约的。分解提供的活性原子太少，吸收后表面浓度不高，浓度梯度小，扩散速度低；分解的活性原子过多，吸收不了而形成分子态附着在金属表面，阻碍进一步吸收和扩散。金属表面吸收活性原子过多，原子来不及扩散，则造成浓度梯度陡峭，影响渗层性能。因此，保证三个基本过程的协调进行是成功实施化学热处理的关键。

4.6.2.3 钢的渗碳

渗碳是将低碳钢件置于具有足够碳势的介质中加热到奥氏体状态并保温，使其表层形成富碳层的热处理工艺，是目前机械制造工业中应用最广的化学热处理。碳势，是指渗碳气氛与钢件表面达到动态平衡时钢表面的含碳量。碳势高低反映了炉气渗碳能力的强弱。

渗碳的主要目的是在保持工件心部良好韧性的同时，提高其表面的硬度、耐磨性和疲劳强度。与表面淬火相比，渗碳主要用于那些对表面耐磨性要求较高，并承受较大冲击载荷的零件。

根据所用介质物理状态的不同，可将渗碳分为气体渗碳、液体渗碳和固体渗碳三类。气体渗碳具有碳势可控、生产率高、劳动条件好和便于渗后直接淬火等优点，应用最广。

A 渗碳的基本原理

气体渗碳是将工件放入密封的渗碳炉内，在高温（一般为900~950℃）气体介质中的渗碳。根据所用渗碳气体的产生方法与种类，气体渗碳可分为吸热式气氛渗碳、滴注式气氛渗碳与氮基气氛渗碳等。

（1）吸热式气氛渗碳是将原料气（例如丙烷）和一定量的空气混合，在外部加热及催化剂作用下，经不完全燃烧而生成的气氛中进行渗碳。这种气氛的碳势很低。因此，吸热式气氛渗碳是向炉中通入吸热式气氛作为载气，另外再加入某种碳氢化合物气体（如甲烷、丙烷、天然气等）作为富化气，以提高和调节气氛的碳势进行渗碳。

（2）滴注式气氛渗碳是将含碳有机液体（如煤油、苯、丙酮、甲醇等）直接滴入渗碳炉，使其在高温下裂解成渗碳气氛，对工件进行渗碳。

（3）氮基气氛渗碳则是以纯氮气为载气，添加碳氢化合物，使其分解，进行渗碳。

a 炉气反应与碳势控制

不论是哪种渗碳气体，气氛中的主要组成物都是 CO、H_2、N_2、CO_2、CH_4、H_2O、O_2 等。气氛中的 N_2 为中性气体，对渗碳不起作用，CO 和 CH_4 起渗碳作用，其余的起脱碳作用。整个气氛的渗碳能力取决于这些组分的综合作用，而不只是哪一个单组分的作用。在渗碳炉中可能同时发生的反应很多，但与渗碳有关的最主要的反应只有下列几个：

$$2CO \rightleftharpoons [C] + CO_2 \tag{4-1}$$

$$CH_4 \rightleftharpoons [C] + 2H_2 \tag{4-2}$$

$$CO + H_2 \rightleftharpoons [C] + H_2O \tag{4-3}$$

$$CO \Longrightarrow [C] + 1/2O_2 \tag{4-4}$$

当气氛中的 CO 和 CH_4 增加时，反应将向右进行，分解出来的活性碳原子增多，使气氛碳势增高；反之，当 CO_2、H_2O 或 O_2 增加时，则分解出的活性碳原子减少，使气氛碳势下降。

b　碳原子的吸收

要使分解反应产生的活性碳原子被钢件表面吸收，必须保证工件表面清洁，为此工件进入前必须将表面清理干净。活性碳原子被吸收后，须将剩下的 CO_2、H_2、H_2O 及时驱散，这就要求炉气有良好的循环。控制好分解和吸收两个阶段的速度，使两者适当配合，以保证碳原子的吸收。活性碳原子太少，影响吸收；如供给碳原子的速度（分解速度）大于吸收速度，工件表面便会积炭，形成炭黑，反而会影响碳原子的进一步吸收。

c　碳原子的扩散

碳原子由工件表面向心部的扩散是渗碳得以进行并获得一定渗层深度所必需的。根据 Fick 第一定律，单位时间通过垂直于扩散方向的单位横截面的扩散物质流量为：

$$J = -D\frac{dC}{dx} \tag{4-5}$$

式中，D 为扩散系数；C 为体积浓度；x 为距工件表面的距离。

可见，单位时间内碳的扩散流量取决于扩散系数和浓度梯度。碳在 γ-Fe 中以间隙扩散方式进行扩散，其扩散系数为：

$$D = (0.04 + 0.08 \times w(C))\exp\left(\frac{-31350}{RT}\right) \tag{4-6}$$

或

$$D = (0.07 + 0.06 \times w(C))\exp\left(\frac{-32000}{RT}\right) \tag{4-7}$$

式中，R 为摩尔气体常数；T 为温度。

可见，温度和碳浓度都影响碳的扩散系数。

由扩散方程可知，在表面和内部的碳浓度为一定值的情况下，如果渗碳温度一定，则渗碳层深度 d 与渗碳时间 τ 服从抛物线规律 $d = \Phi\tau^{\frac{1}{2}}$。$\Phi$ 是一个比例系数，也称为渗层深度因子。图 4-34 为 0.15C-1.8Ni-0.2Mo 钢在不同温度下渗碳时间对渗碳层深度的影响。在低碳钢和一些低碳合金钢中，Φ 与渗碳温度之间的关系可用式 (4-8) 及图 4-35 表示：

$$\Phi = 802.6\exp\left(\frac{-8566}{T}\right) \tag{4-8}$$

从图 4-34 中可以看出，当渗碳时间相同时，渗碳温度提高 100℃，渗层深度约增加一倍；如果渗碳温度提高 55℃，则得到相同渗层深度的时间可缩短一半。

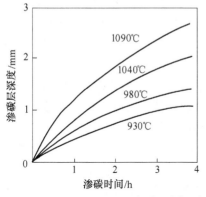

图 4-34　0.15C-1.8Ni-0.2Mo 钢在不同温度下
渗碳层深度与渗碳时间的关系

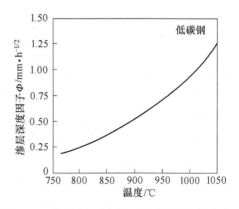

图 4-35　渗层深度因子 Φ 随渗碳温度的变化

　　扩散还将影响渗层碳浓度梯度。原则上，希望碳浓度从表面到心部连续而平缓地降低，如图 4-36 中曲线 1 所示。实际生产中为了提高渗碳速度，往往采用二阶段渗碳的工艺，即第一阶段用高碳势快速渗碳，第二阶段将碳势调到预定值进行扩散。如果这种工艺控制不当，则有可能得到图 4-36 中曲线 2 所示的浓度曲线，其特点是最表层的碳含量低于次表层。这种浓度曲线，不仅会使表面硬度降低，而且会产生不合理的残余应力分布，因为钢的马氏体点 M_s 随碳含量升高而降低，所以在渗碳后淬火时，表层比次表层先发生马氏体转变，且次表层的马氏体比体积更大，因此在表层造成不希望的残余拉应力。显然，这种浓度曲线是不希望出现的。图中曲线 3 所示的碳浓度曲线是在渗碳温度低于 Ac_3 时形成的，这种在渗层与心部之间的浓度突降，必然引起组织的突变，从而引起额外的残余应力，削弱渗层与心部的结合。因此，这种浓度曲线也是不合理的。

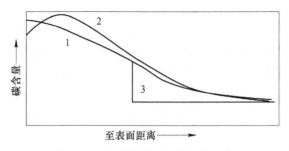

图 4-36　渗碳层碳浓度梯度的比较
1—希望的；2—不希望的；3—不合理的

d　合金元素对渗碳过程的影响

合金钢渗碳时，钢中的合金元素影响表面碳浓度及碳在奥氏体中的扩散系数,从而影响渗层深度。

碳化物形成元素如钛、铬、钼、钨及质量分数大于1%的钒、铌等,都提高渗层表面碳浓度;非碳化物形成元素如硅、镍、铝等都降低渗层表面碳浓度。但是当合金元素含量不大时,这种影响可以忽略。此外,一般钢中都同时含有这两类元素,它们的作用在一定程度上互相抵消。

碳化物形成元素铬、钼、钨等降低碳的扩散系数,而非碳化物形成元素钴、镍等则提高碳的扩散系数;锰几乎没有影响,而硅却降低碳的扩散系数。但随着温度的变化和合金元素含量的不同,其影响是比较复杂的。

如图4-37所示,锰、铬、钼能略微增加渗碳层深度,而钨、镍、硅等则使之减小。合金元素是通过影响碳在奥氏体中的扩散系数和表面碳浓度来影响渗碳层深度的。例如,镍虽增大碳在奥氏体中的扩散系数,但同时又使表面碳浓度降低,而且后一种影响大于前者,所以最终使渗碳层深度下降。工业上常用的钢种一般不只含一种合金元素,因此要考虑各元素的综合影响,遗憾的是目前还不能精确计算这种影响。

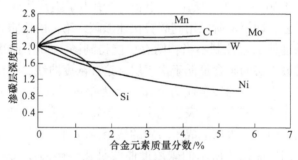

图 4-37 合金元素对渗碳层深度的影响

B 气体渗碳工艺

a 渗碳的技术要求与工艺过程

对钢件渗碳层的技术要求主要是渗层表面含碳量、渗层深度、由表层含碳量和渗层深度决定的碳浓度梯度、渗碳淬火回火后的表面硬度,对重要渗碳零件还经常规定对表层及心部最后的金相组织要求(包括碳化物分布的级别、残留奥氏体等级、表层和心部组织粗细等)。

渗碳钢中 $w(C)$ 一般在 0.12%~0.25% 之间,其所含主要合金元素一般是铬、锰、镍、钼、钨、钛等。在渗碳前,零件往往需经过脱脂、清洗或喷砂,以除去表面油污、锈迹或其他脏物。对需局部渗碳的零件,要在不渗碳处涂防渗膏或镀铜加以防护。零件在料盘内必须均匀放置,以保证渗碳的均匀性。在渗碳过程中,必须控制气氛碳势、温度和时间,以保证技术条件所规定的表面碳含量、渗层深度和较平缓的碳浓度梯度。渗碳后,根据炉型及技术要求,进行直接淬火或重新加热淬火，以获得预期的组织和性能。

b 渗碳工艺参数的选择与控制

（1）气氛碳势。渗碳件的最佳表面碳含量通常是为了保证淬火后获得最高表面硬度。最高表面硬度与钢的成分密切相关。图4-38所示是不同成分钢渗碳淬火后最高表面硬度与表面含碳量的关系。由图4-38可见，随着钢中镍、铬含量的提高，最高硬度对应的表面碳含量下降，其原因与合金元素可降低 M_s 和 M_f 点，使残留奥氏体量增多有关。此外，最佳表面碳含量应保证渗层具有较高的耐磨性和抗接触疲劳性能等。一般认为，渗碳层中有适量的碳化物存在才能有高的耐磨性。国内外的研究表明，对于一般低合金

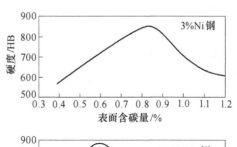

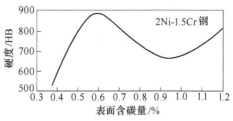

图 4-38 不同成分钢渗碳淬火后
表面硬度与表面含碳量的关系
（925℃渗碳后直接淬火）

渗碳钢，表面 $w(C)$ 为 0.8%~1.0%时性能最佳。对于铬、镍含量较高的钢，相应的碳含量比上述值略有降低。

（2）渗碳温度。温度高低对渗碳质量影响极大。一是温度影响分解反应的平衡，从而影响碳势。例如，由图4-38可见，如果气氛中 CO_2 含量不变，则温度每降低 10%，将使气氛碳势增大约 0.04%~0.08%。二是温度也影响碳的扩散速度和渗层深度。如前所述，在相同的气氛碳势和渗碳时间下，温度每提高 100℃ 可使渗层深度增加 1 倍。三是温度还影响钢中的组织，温度过高会使钢的晶粒粗大。目前，生产中的渗碳温度一般为 920~930℃。对于薄层渗碳，温度可降低到 880~900℃，这主要是为了便于控制渗层深度；而对于深层渗碳（大于5mm），温度往往提高到 980~1000℃，这主要是为了缩短渗碳时间。

（3）渗碳时间。渗碳时间主要取决于渗层的深度要求。渗层深度确定之后，可根据气氛碳势、渗碳温度、渗碳钢成分等确定所需渗碳时间。渗碳时间，与渗层深度 d 的关系可根据式（4-8）及 $d = \Phi \tau^{\frac{1}{2}}$ 关系来确定。除渗层深度外，渗碳时间对碳的浓度梯度也有一定影响。

c 分段渗碳工艺参数

为了缩短渗碳的总时间，节省能源，降低消耗，通常在生产中将渗碳过程分为不同阶段，而在不同阶段中对各参数进行综合调节。最典型的做法是将整个渗碳过程分为 4 个阶段：第一阶段升温排气阶段，是工件达到渗碳温度前的一段时

间，用较低碳势；第二阶段强渗阶段，在正常温度或更高温度下，用高于所需表面碳含量的碳势，时间较长；第三阶段扩散阶段，工件降到（或维持在）正常渗碳温度，碳势降到所需表面碳含量，时间较短；第四阶段降温预冷阶段，使温度降到淬火温度，便于直接淬火。

这种分阶段的渗碳可使整个渗碳时间比不分阶段的渗碳缩短 20%～60%，还可使碳浓度在近表面处变化平缓，从而得到理想的渗层。

图 4-39 为使用煤油滴注式气氛进行分阶段渗碳的工艺曲线实例。用计算机对渗碳过程进行动态监测与控制，是有效地实现渗碳工艺多参数综合控制的保证，是今后渗碳热处理生产发展的方向，目前已在我国部分企业得到了应用。

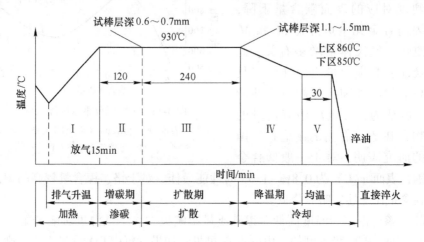

图 4-39　20CFMnTi 钢拖拉机油泵齿轮在 RJJ-90 炉中气体渗碳的工艺曲线

Ⅰ—煤油 125±5 滴；Ⅱ—煤油 50～55 滴；Ⅲ—煤油 20～25 滴；

Ⅳ—煤油 20～25 滴；Ⅴ—煤油 20～25 滴

4.6.2.4　钢的渗氮

渗氮（又称氮化）是将氮渗入钢件表面，以提高其硬度、耐磨性、疲劳强度和耐蚀性能的一种化学热处理方法。它的发展虽比渗碳晚，但如今却已获得十分广泛的应用，不但应用于传统的渗氮钢，还应用于不锈钢、工具钢和铸铁等。渗氮主要包括普通渗氮和离子渗氮两大类。普通渗氮又可分为气体渗氮、液体渗氮和固体渗氮三种。

A　渗氮的特点

钢的渗氮具有下列优点：

（1）高硬度和高耐磨性。当采用含铬、钼、铝的渗氮钢时，渗氮后的硬度可达 1000～1200HV，相当于 70HRC 以上，且渗氮层的硬度可以保持到 500℃ 左右；而渗碳淬火后的硬度只有60~62HRC，且渗碳层的硬度在200℃以上便会急剧下降。由于渗氮层硬度高，因而其耐磨性也高。

（2）高的疲劳强度。渗氮层内的残余压应力比渗碳层大，故渗氮后可获得较高的疲劳强度，一般可提高25%~30%。

（3）变形小而规律性强。渗氮一般在铁素体状态下进行，渗氮温度低，渗氮过程中零件心部无相变，渗氮后一般随炉冷却，不再需要任何热处理，故变形很小；而引起渗氮零件变形的基本原因只是渗氮层的体积膨胀，故变形规律也较强。

（4）较好的抗咬合性能。咬合是由于短时间缺乏润滑并过热，在相对运动的两表面间产生的卡死、擦伤或焊合现象。渗氮层的高硬度和高温硬度，使之具有较好的抗咬合性能。

（5）较高的抗蚀性能。钢件渗氮表面能形成化学稳定性好且致密的化合物层，因而在大气、水分及某些介质中具有较高的抗蚀性能。

渗氮的主要缺点是处理时间长（一般需要几十小时甚至上百小时），生产成本高，渗氮层较薄（一般在0.5mm左右），渗氮件不能承受太高的接触应力和冲击载荷，且脆性较大。

B 渗氮原理

现以气体渗氮为例，讨论渗氮原理。

与其他化学热处理一样，气体渗氮过程也可分为三个基本过程，即渗氮介质分解形成活性氮原子、活性氮原子被钢件表面吸收及氮原子由表面向内部的扩散。

（1）渗氮介质的分解。气体渗氮时一般使用无水氨气（或氨+氢，或氨+氮）作为渗氮介质。氨气在加热时很不稳定，将按下式发生分解形成活性氮原子：

$$NH_3 \rightleftharpoons [N] + 3/2H_2 \tag{4-9}$$

研究表明，在常用渗氮温度（500~540℃）下，如果时间足够，氨气的分解可以达到接近完全的程度。

图4-40给出了用（NH_3+H_2）混合气对纯铁渗氮时表面形成的各种相与NH_3含量的关系，此图可作为控制气体渗氮过程的基本依据。

（2）活性氮原子的吸收。氨气在渗氮温度下分解形成的活性氮原子，将被钢件表面吸收并向内部扩散。但是氨气按照式（4-9）分解形成的活性氮原子只有一部分能立即被钢件表面吸收，而多数活性氮原子则很快地互相结合形成氮分子。为了源源不断地提供活性氮原子，气氛必须有良好的循环，或者说，气氛中要保持较高浓度的未分解氨。

（3）氮原子的扩散。氮在铁中也以间隙方式扩散，其扩散系数可以下式表示

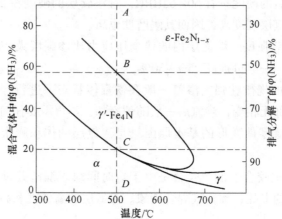

图 4-40　纯铁渗氮时表面形成的各种相与
（NH_3+H_2）混合气平衡的条件

$$D_N^\alpha = D_0 \exp\left(\frac{-Q}{RT}\right) \tag{4-10}$$

式中，D_N^α 是氮在 α-Fe 中的扩散系数；D_0 是扩散常数，$D_0 = 0.3\ \mathrm{mm^2/s}$；$R$ 是摩尔气体常数；Q 是扩散激活能，$Q = 76.12\mathrm{kJ/mol}$。

由于氮的原子半径（0.071nm）比碳的（0.077nm）小，故氮的扩散系数要比碳的大。与渗碳时相似，渗氮层的深度也随时间呈抛物线关系增加，即符合 $d = \Phi \tau^{\frac{1}{2}}$ 的关系。

C　渗氮用钢及渗氮强化机理

由上述可知，纯铁渗氮后硬度并不高。普通碳钢渗氮也无法获得高硬度和高耐磨性，且碳钢中所形成的氮化物很不稳定，加热到高温时将发生分解和聚集粗化。

为提高渗氮工件的表面硬度、耐磨性和疲劳强度，必须选用渗氮钢，这些钢中含有 Cr、Mo、Al 等合金元素，渗氮时形成硬度很高、弥散分布的合金氮化物，可使钢的表面硬度达到 1100HV 左右，且这些合金氮化物热稳定性很高，加热到 500℃仍能保持高硬度。其中历史最久、应用最普遍的渗氮钢是 38CrMoAlA 钢。但使用中发现，38CrMoAlA 钢的可加工性较差，淬火温度较高、易于脱碳，渗氮后的脆性也较大。为此，逐渐发展了无铝渗氮钢。目前渗氮钢包括多种 $w(C)$ 为 0.15% ~ 0.45% 的合金结构钢，如 38CrMoAlA、20CrNiWA、40Cr、40CrV、42CrMo、38CrNi3MoA 等。此外，一些冷作模具钢、热作模具钢及高速钢等也适于渗氮处理。

Al、Cr、Mo 等合金元素之所以能显著提高渗氮层硬度，是因为氮原子向心部扩散时，在渗层中依次发生下述转变：（1）氮和合金元素原子在 α 相中的偏聚，形成混合 G-P 区（即原子偏聚区）；（2）α''-Fe$_{16}$N$_2$ 型过渡氮化物的析出等组织变化。这些共格的偏聚区和过渡氮化物析出，会引起硬度的强烈提高。这一过程与固溶–时效过程非常相似。

图 4-41 是渗氮过程中形成混合 G-P 区的示意图。G-P 区呈盘状，与基体共格，并引起较大的点阵畸变，从而使硬度显著提高。

随渗氮时间延长或温度升高，偏聚区氮原子数量将发生变化，并进行有序化过程，使 G-P 区逐渐转变为 α''-Fe$_{16}$N$_2$ 型过渡相。在有 Mo、W 等合金元素存在的情况下，析出物可以表示为（Fe，Mo）$_{16}$N$_2$ 或（Fe，W）$_{16}$N$_2$ 等。

由 α'' 向 γ' 的转变是一种原位转变，即不需重新形核，而只作成分调整（提高氮含量）。当含有合金元素（如 Mo）时，γ' 相可以表示为 γ'-（Fe，Mo）$_4$N 等。

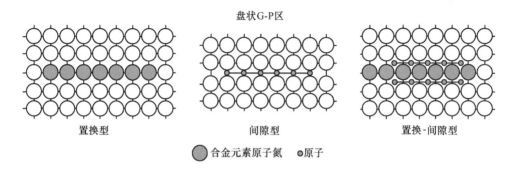

图 4-41　渗氮中形成置换型和间隙型两种原子的混合 G-P 区示意图

由 γ' 向更稳定的合金氮化物转变时，必须重新在晶界等部位形核并以不连续沉淀的方式进行。稳定的合金氮化物的尺寸较大，与基体相没有共格关系，其强化效果比过渡相要小。所以，它们的出现相当于过时效阶段。

D　气体渗氮工艺

a　渗氮前的热处理

渗氮与渗碳的强化机理不同，前者实质上是一种弥散强化，弥散相是在渗氮过程中形成的，所以渗氮后不需进行热处理；而后者是依靠马氏体相变强化，所以渗碳后必须淬火。渗碳后的淬火也同时改变心部的性能，而渗氮零件的心部性能是由渗氮前的热处理决定的。可见，渗氮前的热处理十分重要。

渗氮前的热处理一般都是调质处理。在确定调质工艺时，淬火温度根据钢的 Ac_3 决定；淬火介质由钢的淬透性决定；回火温度的选择不仅要考虑心部的硬度，而且还必须考虑其对渗氮层性能的影响。一般说来，回火温度低，不仅心部硬度高，而且渗氮后氮化层硬度也高，因而有效渗层深度也会有所提高。另外，为了保证心部组织的稳定性，避免渗氮时心部性能发生变化，一般回火温度应比渗氮温度高 50℃左右。

b 气体渗氮工艺参数

正确制定渗氮工艺，就是要选择好渗氮温度、渗氮时间三个工艺参数。下面主要介绍渗氮温度和渗氮时间。

（1）渗氮温度。渗氮温度影响渗氮层深度和渗氮层硬度。图 4-42 表示渗氮温度对钢渗氮层深度和硬度梯度的影响。由图可见，在给定的渗氮温度范围内，温度越低，表面硬度越高，硬度梯度越陡，渗层深度越小；而且硬度梯度曲线上接近表面处有一个极大值，即最表面有一低硬度层。这一低硬度层估计是由于表面出现白层造成的。分析表明，渗氮层表面的白层是由 γ'-Fe_4N 和 ε-Fe_2N_{1-x} 组成的，而且 ε 相与 γ' 相质量分数的比值随至表面距离的增大而降低，到一定深度后便只由单相 γ' 组成。这两种化合物的硬度都不如过渡合金氮化物时效强化所引起的硬度高，而脆性却很大，因此表面的硬度较低。

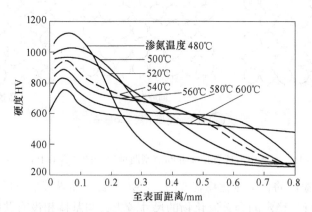

图 4-42 温度对 0.42C-1.0Al-1.65Cr-0.32Mo 钢渗氮层硬度和深度的影响（渗氮 60h）

渗氮温度的选择主要应根据对零件表面硬度的要求而定，硬度高者，渗氮温度应适当降低。在此前提下，要考虑照顾渗氮前的回火温度，也就是要照顾零件心部的性能要求，使渗氮温度低于回火温度 50℃左右。此外，还要考虑对层深（渗氮层较深者，渗氮温度不宜过低）及对金相组织的要求（渗氮温度越高，越容易出现白层和网状或波纹状氮化物）等。

（2）渗氮时间。渗氮时间主要影响层深。图 4-43 表示渗氮时间对渗层深度和硬度的影响。因此，渗氮时间主要依据所需的渗层深度而定。

在同一渗氮温度下长时间保温进行的渗氮称为等温渗氮。等温渗氮温度低、周期长，适用于渗氮层浅的工件。

为了加快渗氮速度，并保证硬度要求，目前发展了二段渗氮、三段渗氮等分阶段渗氮的方法。图 4-44 所示为某种 38CrMoAlA 钢件的二段渗氮工艺曲线：第一阶段取低温（510~520℃、15~20h）、用高氮势（低分解率，18%~25%），目

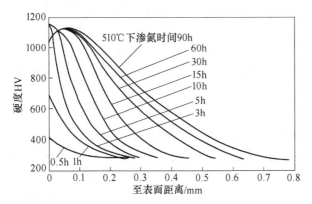

图 4-43 渗氮时间对 0.42C-1.0Al-1.65Cr-0.32Mo 钢渗氮层硬度和深度的影响

的是使表面迅速吸收大量氮原子，形成大的浓度梯度以加大扩散驱动力，并使工件表面形成弥散度大、硬度高的合金氮化物；第二阶段取高温（550~560℃、25~30h）、用低氮势（高分解率，30%~40%），以加快扩散和调整表面氮含量。由于第一阶段形成的氮化物稳定性高，在第二阶段并不会引起氮化物的显著长大和聚集。为了提高渗氮层的深度和过渡性，在渗氮结束前 2h 进行退氮处理，以降低表面氮浓度，并使表层氮原子向内扩散，增加渗层深度，可用较高的氨分解率，例如 80%。

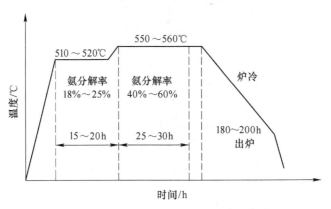

图 4-44 38CrMoAlA 钢二段渗氮工艺曲线

至于不锈钢等高合金钢的渗氮，由于氮原子在这类钢中扩散困难，往往不易得到较深的渗层，故一般都采用较高温度的渗氮工艺（550~650℃），以提高渗氮速度。

E 渗氮工件的检验和常见缺陷

对渗氮工件的技术要求一般包括表面硬度、渗氮层深度、心部硬度、金相组织和变形量等。

如前所述，由于渗氮层较浅，因此表面硬度检验时应注意载荷的选择，以防止压穿渗氮层。通常选用 HV10（试验力为 98N）或 HR15N（表面洛氏硬度，试验力为 147N）进行检验。表面硬度偏低，可能是表面氮浓度不足或渗前处理时回火温度偏高所致。渗氮层深度的检验也可采用测渗碳层所用的各种方法，但仍以硬度法最为精确。例如规定硬度大于 550HV 的层深为有效层深，或以 400HV 来分界等。

心部硬度的超差，往往是渗氮前的回火温度选择不当所致。渗氮层的正常金相组织应是索氏体+氮化物，无白层或白层很薄，内部无网状、针状和鱼骨状氮化物，波纹状氮化物层不太厚。心部组织应全部为索氏体，允许少量铁素体，但不允许粗大组织与大块自由铁素体。图 4-45 是 38CrMoAlA 钢经调质后气体渗氮组织。渗氮：525℃ × 25h，545℃ × 40h，随炉冷却。从左至右，表层为白亮层；次表层为扩散层（至图中深色区为止），为氮化物（脉状）和含氮索氏体的混合物；右侧浅色区为心部组织，为索氏体和少量沿晶界分布的白色铁素体。渗氮层深度为 0.65mm。它可代表渗氮层的一般组织特点。渗氮时产生金相组织不合格的原因，主要是气氛氮势过高、渗氮温度过高、渗氮前热处理时发生表面脱碳或细化晶粒不够等所致，可针对具体情况具体分析解决。

图 4-45 38CrMoAlA 钢调质后气体渗氮组织

4.6.2.5 其他化学热处理

工业的发展和科学技术的进步，对材料的性能提出了更多的特殊性能要求，促进了化学热处理表面强化技术的发展，如钢的渗硼和渗金属等。下面简单介绍渗硼、渗铬和渗铝等其他化学热处理方法。

A 渗硼

渗硼是现代的化学热处理方法之一。渗硼后工件表面形成铁的硼化物，具有很高的硬度（1400~2000HV）、良好的抗蚀性、热硬性（高硬度值可保持到接近

800℃）和抗氧化性，低碳钢及某些合金钢渗硼后可代替镍铬不锈钢制作机器零件，因此近年来渗硼技术发展很快。钢的渗硼主要应用于各类冷、热作模具，也应用于各种磨损零件，如工艺装备中的钻模、靠模、夹头，精密零件中的活塞、柱塞，微粒磨损中的石油钻头，以及各种在中温腐蚀介质中工作的阀门零件等。在所有这些应用中，渗硼都能使寿命成倍、甚至成 10 倍地提高，并可以用普通碳素钢代替高合金钢，显示了巨大的技术、经济效益。

根据渗硼剂不同，渗硼分为盐浴渗硼、固体渗硼、气体渗硼、膏剂渗硼等。其中盐浴渗硼剂虽然具有盐浴流动性较差，工件表面残盐清洗困难的缺点，但其价格便宜，设备操作简单，质量较好，目前我国大多采用盐浴渗硼。

B　渗铬

渗铬就是将工件放在渗铬介质中加热，使介质中析出活性的原子铬为工件所吸收，在工件表面形成一层与基体不可分割的铬、铁、碳合金层。

随着生产与科学技术的发展，渗铬处理的应用也日益广泛。不同钢种的工件经渗铬处理后能获得各种优良性能，以满足不同用途的要求。如低碳钢渗铬后能获得耐酸、耐蚀、耐热等性能，可用于油泵、化学泵上的零件，化工器械零件，各种阀门以及其他要求耐蚀、耐热的元件。

目前生产上应用的渗铬方法有固体、液体、气体渗铬法，其中以固体渗铬法（又称为粉末渗铬法）应用较广。

C　渗铝

渗铝可以在钢件表面形成一层铝含量约为 50%（质量分数）的铝铁化合物，这层化合物，在氧化时可以在钢件表面形成一层致密的 Al_2O_3 膜，从而使钢件得到保护，大大提高其抗高温氧化和抗热蚀能力。渗铝层在大气、硫化氢、碱和海水等介质中也有良好的耐蚀性能。实践表明，渗铝后可以使零件的抗氧化工作温度提高到 950~1000℃。因此，常用普通低碳钢、中碳钢渗铝作为高合金耐热钢及耐热合金的代用品，如热处理炉用的炉底板、炉罐、渗碳箱、热电偶套管、盐浴坩埚、辐射管、叶片等，节约昂贵的镍铬元素。

零件经过渗铝后，其抗高温氧化性能和抗蚀性能都有明显提高，但渗铝层较厚时，强度、塑性、疲劳强度却有所下降。

5 热处理新工艺

5.1 热处理新工艺发展概述

5.1.1 先进热处理总体发展战略

纵观国内外热处理技术的发展，其总体战略的出发点大致可归纳为以下 5 个方面。

（1）可持续发展战略（endurable development）。1992 年联合国在里约热内卢召开的人类环境与发展大会提出了"以公平的原则，通过全球伙伴关系促进全球可持续发展"的全球 21 世纪纲领。

在可持续发展的内涵中，首先是环境，其次是资源的有效利用和再生。而热处理是和环境、资源密切相关的加工过程。避免污染的原则是预防第一，治理第二。因此热处理先进技术发展首先要考虑是清洁和安全的生产技术。

热处理所用燃料、电力、水、油等资源的有效利用、节约使用和再生后重复使用的潜力巨大。如提高加热炉的热效率，燃料产物的废热必须充分利用，大量的冷却水必须循环使用，自工件表面清理下来的油脂应分类回收，失效的淬火油应收集精炼重复使用或做他用。

（2）产品质量的持续提高（enhancement of products quality）。我国加入 WTO 后，经济和国际接轨，为企业提供了动力，增加了压力，既制造了机会，也带来了严峻的挑战。随着外资企业的涌入，制造业产品面临激烈的市场竞争，表现在产品质量、价格和售后服务上，但核心在产品质量上。

（3）能源的有效利用（energy saving）。机械制造业中，热处理是耗能大户。据 20 世纪 90 年代调查，全国每年用于热处理的电量约 86 亿度，为总发电量的 1%，而美国 1996 年热处理用电总量为 59 亿度，仅为我国的 68%。我国机械工业的热处理电费约占生产成本的 40%。电是二次能源，发电约需 9.96kJ 的热能，发电效率在 30%~40% 的热效率达到 80% 按一次能源的利用率计算，综合热效率只有 24%~32%。而利用天然气的燃烧炉，再加上利用烟道气的燃烧空气预热，综合热效率达到 60%~65% 是很容易做到的。所以在有条件使用天然气的地区，用燃烧炉代替部分电阻炉，从能源利用上是有利的。

另外在加热炉上体现先进工艺和先进管理都是节能的有效途径。

（4）实现精确生产（exact production）。由于近代物理冶金理论几乎可以洞悉金属在热处理过程中的组织性能、化学成分，甚至粒子状态的瞬息变化，从而可以利用精确灵敏的传感控制系统对热处理产品质量进行精确的在线控制，从而做到100%的合格率。如在设备上精确保证生产条件、炉温均匀性、加热和冷却速度以及工件材料化学成分和淬透带的范围等，就可实现在不同炉次、同一炉次不同部位产品质量的同一性和再现性，使产品的组织性能、畸变等质量的分散度达到趋于零的程度，真正实现精确生产。

（5）提高生产效率（efficient process technologies）。提高生产效率，降低生产成本，获得最大经济效益。单一品种的批量化生产，可以很好地采用生产过程自动化和质量在线信息化，工艺参数和质量效果的模拟和自适应控制可以最大限度地提高生产效率，实现无人作业，保证产品质量的低分散度。

另外，采用缩短生产周期的热处理工艺和材料，也是很重要的方面。

5.1.2　先进热处理技术的发展方向

先进热处理技术的发展方向可概括为8个"少无"，即少无污染、少无畸变、少无（质量）分散、少无浪费（能源）、少无氧化，少无脱碳、少无废品、少无人工。

（1）少无污染。热处理中比较常见的污染有废气、废水、废渣、粉尘、噪声、电磁辐射等。少无污染先进热处理技术应该包括清洁工艺、清洁设备、清洁材料等，如可控气氛、真空。有良好屏蔽的感应热处理是广泛应用的典型清洁工艺，如等离子热处理、高压气淬、空气淬火、电子束强化、激光淬火、真空清洗等。大量使用的氰盐液体渗碳，碳、氮共渗，软氮化都应禁止使用。

（2）少无畸变。在热处理过程中，零件发生尺寸和形状变化是不可避免的，若采用先进的冷却介质，采用新材料进行宏观和控冷技术，采用先进的高压气淬，保证材料成分的均匀性和窄淬透带，美国2020年热处理目标中，提出工件热处理要达到零畸变。

（3）少无分散。由于材料化学成分，加热炉有效加热区温度的不一致，加热冷却条件不同以及人为因素等，导致使用一炉次热处理质量不同。

（4）少无浪费。采用节能热处理工艺，如把渗碳温度提高到1056℃可减少40%到热处理时间。

（5）少无氧化。例如采用可控气氛、真空、感应、流态床、盐熔、激光热处理等来尽量做到少无氧化。

（6）少无脱碳。在真空中低压渗碳是可行的，以N-C驱使渗，S-N-C共渗和O-N共渗代替渗碳，可将工艺温度从900℃降低至550~580℃，利于锻后余热淬火。

（7）少无废品。从零件设计、材料选择、材料质量保证上来考虑，加工过程和工艺路线的确定采用专家决策系统和数据库，采用在线控制和无损自动质量检测，来完成全部加工和热处理生产过程。

（8）少无人工。

5.2 加热新技术

5.2.1 真空加热技术

通常热处理大部分是在一个大气压下进行的，而改变气压（减压或加压）进行的热处理，称为调压热处理。真空热处理也是一种调压（减压）热处理，例如真空渗碳、真空氮化。离子氮化与一个大气压下的渗碳、氮化有着明显的不同。不减压而加压，特别是在高压下的热处理，更是一个未为人知的新领域。

真空热处理是指热处理过程中的气压低于大气压，并非绝对的在空间内没有气体，而是炉膛中的气体减少，即气体和粒子数大大减少，就相应降低了残余气体的化学活性。真空压力范围及其特点见表 5-1，真空热处理分类见表 5-2。

表 5-1　真空压力范围及其特点

特　性	低真空	中真空	高真空
压力/Pa	$10^5 \sim 10^2$	$10^2 \sim 10^{-1}$	$10^{-1} \sim 10^{-5}$
粒子数密度/n·cm^{-3}	$10^{19} \sim 10^{16}$	$10^{16} \sim 10^{13}$	$10^{13} \sim 10^9$
平均自由程/cm	$<10^{-2}$	$10^{-2} \sim 10$	$10 \sim 10^5$
气流类型	黏性流动	努森流动	分子流动
附加特点	热对流	气体的导热性有相当大的变化	碰撞率锐减体积

对于一般的钢淬火，采用中真空（$10^2 \sim 10^{-1}$ Pa）就足够了，而对于高温钎焊、光亮退火及脱气则要采用高真空（$10^{-1} \sim 10^{-5}$ Pa）。

表 5-2　真空热处理分类

工　艺	材　料	新技术的进展
真空淬火	金属	向非晶金属方向发展
真空退火	金属	光亮退火，含有微量还原性气体的真空更有效
真空表面处理	金属，非金属	利用交流，高能粒子流的洁净化，连续化

工 艺	材 料	新技术的进展
真空脱气处理	金属，非金属	各种热处理的预先处理
真空烧结	金属，非金属	核燃料、新开发合金、磁性材料、化学合成陶瓷材料
真空涂覆处理	金属表面（金属，非金属）非金属表面（金属，非金属）	电子束、离子束、离子镀、CVD
真空熔炼	金属	

5.2.1.1 真空热处理炉

单室真空热处理炉周期长，但工艺条件变化时容易作相应的处理，而多室和连续式的操作时间短，生产率高，但工艺条件变化时作相应处理比较困难。

图 5-1 中单室和多室真空炉有如下结构特点：

（1）发热体。采用石墨棒或带专门的加热器，寿命长，容易维修。

（2）温控方式。采用微机数字控制方式。

（3）中间隔门。采用真空密封隔热装置。

（4）采用均匀相交的四面加热，热损失减少到最低程度。

（5）全日期自动控制。

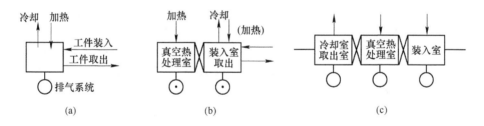

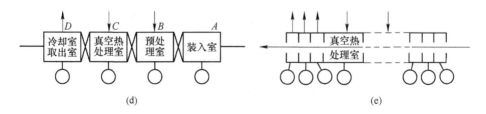

图 5-1 真空热处理炉炉型示意图

（a）单室炉；（b）二室炉；（c）三室炉；（d）四室炉；（e）连续式真空炉

（6）可选择多种冷却方式。

（7）处理后工件的光亮性好。

真空炉的连续化问题，即如何在连续运行时保持真空间，是较困难的问题。目前大部分真空炉都是半连续性的真空炉。

5.2.1.2 真空加热技术

A 加热方式

真空加热时随真空度提高，气体分子的碰撞率大大减小，而平均自由程迅速增加，所以热传导方式改变。在低真空下主要是对流传热，而中、高真空，特别是高真空下仅靠辐射传热，所以为提高加热均匀性，需合理布置加热元件，正确确定有效加热区，合理排放工件，所以采用四面均匀加热，而且工件之间应有均匀的间隙。

B 加热元件

现代先进真空炉加热元件均采用石墨结构（包括隔热屏），或用石墨和陶瓷件的混合物作隔热屏，这种材料的隔热效率高，热损失小，实践证明，隔热效率越好，越有利于温度均匀分布。

原来的真空炉采用金属加热元件，如 Mo、W 等，但由于真空度不高时，有微量 O_2 存在将产生氧化或渗碳，使元件变脆，电阻发生变化，所以需要扩散泵先抽高真空。此外，要保证真空加热的良好效果，还必须保证密封，尽可能减少泄漏。

C 真空度的选择

真空度的选择要根据特定工艺过程对炉内压力的需要而定。真空度与炉内温度差关系的研究表明，高真空下有效加热区的温度差非常小：当压力在 $10^{-2} \sim 10^2$ Pa 时，$\Delta T \approx \pm 5 \, ^\circ\!C$；当压力在 10^3 时，ΔT 显著增加。这就说明高的真空度有利于改善温度分布的均匀性。

然而真空加热时并非真空度越高越好。因为在高真空度下，蒸气压较高，Cr、Mn、Al 易蒸发，进而从金属表面脱除而引起表面成分的变化。当元素的蒸气压高于外压，将产生蒸发。元素的蒸气压与温度有关，如 Cr 的蒸气压在 1200 ℃为 1.33×10^{-1} Pa，在 1400 ℃时为 8Pa，所以在 1200 ℃以下中真空（$10^{-1} \sim 10^{-2}$ Pa）加热时，不发生 Cr 的蒸发，反之则发生蒸发。所以要根据加热温度、材料种类来合理选择炉内气压。

5.2.1.3 真空化学热处理及真空钎焊

A 真空渗碳

大气压下的普通渗碳，由于存在 C、CO、CO_2、水蒸气，与铁之间的反应，存在氧化-还原反应以及渗碳、脱碳过程。而真空渗碳、提纯渗碳过程和纯扩散，排除了阻碍 C 吸附于钢表面的气体和其他外来物质。

同时，在真空下 C 的扩散不会受脱碳的影响，而易于获及所要求的渗碳层深度和表面碳浓度。

B　真空渗碳炉

真空渗碳炉也有单室多室之分，其基本工艺如下：

把工件推入加热室→抽真空→加热至渗碳温度→通入渗碳气体→真空扩散→冷却→出炉。

C　真空渗碳与气体渗碳的比较

（1）节能、节省费用。

1）由于真空渗碳可实现高温渗碳，采用高表碳势以及渗前表面的清洁和活化，使渗碳处理时间大大缩短，而且渗碳深度越深其效果也越好。例如，普通气体渗碳，达到 4mm 深度，需要 3~4 天，而真空渗碳用 14h 即可完成。

2）真空炉热损失小，无需空载时保温，空炉升温时间约 15~20min，而普通渗碳炉则需 15~24h。

3）能有效利用渗碳气体。由于在升温、均热阶段是真空状态来保持无氧化和表面活性，这种状态只在必要时通入渗碳气体，然后扩散期又是真空状态，所以对渗碳气体的消耗很少。

4）真空渗碳炉的维修费用低于气体渗碳炉。

（2）产品质量好。

1）由于真空渗碳时，无氧化、脱碳等缺陷，故其疲劳性能优于气体渗碳，与等离子渗碳后的性能在同一水平上。

2）渗层的均匀性好，能有效地控制渗碳层（设定时间、真空扩散时间的控制），并与数学模型有很好的吻合。

3）可以自行清洁清除炭黑等，以及改善操作环境。

4）真空渗碳能控制渗碳层，有很好的再现性。通过设定渗碳气体供给时间与真空扩散时间，来获得预定的渗碳层深度和表面含碳量。

D　真空钎焊

在两个零件经交流加热后，用铜钎料将两个零件焊合在一起冷却下来，继续在真空炉中进行钎焊，可保持非常好的温度均匀性，不发生氧化，焊合处不产生细小的气孔，钎焊面积大，间隙小，提高接头强度。

5.2.1.4　高温高压处理

真空热处理是减压处理，若不是减压而是加压，将出现怎样的情况呢？

　　我们知道，常压下碳钢（$w(C)=0.8\%$）的共析点是 723℃，但加压到 41500 个大气压（约 42000×10^5 Pa），则 A_1 点变成了 660℃，共析成分为 $w(C)=0.25\%$，这样低碳钢变为全珠光体钢，且可在约 660℃ 以上温度淬火，从而减小变形。

　　热等静压新技术出现，它是将被处理物置于内有高压容器的电炉内，以氩气、氮气等惰性气体为压力媒介物，同时进行加热的处理方法。零件承受了各向同值压力和温度的共同作用，结果使构件中的原子更易扩散。由此可获得了以前不可能制造的高质量新材料（均质材料），所以这种热等静压新技术有可能成为开发新材料的一种技术。例如渗碳、渗氮时可大大加速，但由于阻止淬火时的马氏体的膨胀，所以不易淬火得到马氏体。而且在 TTT 动力学图上，开始转变曲线孕育期增长，难以发生贝氏体转变等。

　　目前热等静压新技术在粉末冶金中得到较多应用。

5.2.2　流动粒子炉

　　向炉内吹入适当流速的气体，使细小粒子在吹入的气体中浮动，形成流态床。流态床像液体一样，它可以流动、沸腾和搅拌，将工件浸入流态床中进行加热或冷却，即可实现各种类型的热处理。

5.2.2.1　流动粒子炉的基本结构

　　流动粒子炉分为气体内燃型和外加热型。气体内燃型是通过燃烧气体使粒子流态化，包括中性气氛和活性气氛。外加热型是间接式的加热方式，流态化和加热是分别进行的。

　　(1) 气体内燃型（中性气氛）。如图 5-2（a）所示，这类型炉小，这种炉子的操作温度局限在燃气的自燃温度（约 750℃）以上，混合气通过分布板，进入加热区后燃烧，燃烧气体使流态床沸腾。这种炉子需用较为粗大的粒子以减小流态床的湍流。为保持中性，如 SiC，需正确控制空气/煤气的比例。

　　(2) 气体内燃型（活性气氛）。如图 5-2（b）所示，这类型能以恰当的空气/煤气混合气流过流态床，在操作温度下保持最佳的流态化速度。附加的空气或混合气从顶部加入实现完全燃烧，沸腾过程从混合气顶部增大开始，逐渐向下至底部达到稳定为止。

　　这种炉子的优点是可使用较细的氧化铝粒子。得到更均匀的流态化和减少燃气消耗量。而且还可通过调节适应于操作温度的空气/煤气比例，在流态床中产生渗碳或 C-N 共渗气氛。

　　(3) 外部加热型。如图 5-2（c）所示，该类型加热时与流态床完全分离，可以是电热、燃气及其他方式。这种方式可将温差控制在 1~3℃ 之内，而且流态床的气体可以有较大选择余地。缺陷是供气量小，电耗较大。

此外还有一种炉子，接近电加热，采用石墨粒子作为流态粒子，所以它是导电体又是加热介质，热容量小，很适合快速启动，对于周期性生产较适合。此外，还有采用电热与内加热混合的方式。

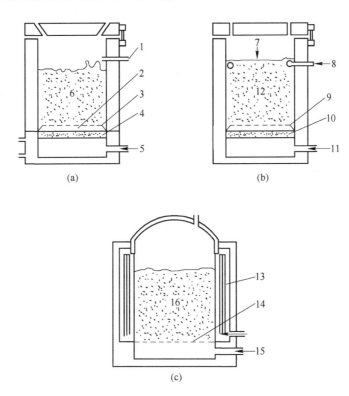

图 5-2　流动粒子炉的结构示意图

(a) 气体内燃型（中性气氛）；(b) 气体内燃型（活性气氛）；(c) 外部加热型

1—气体调节装置；2—底部燃烧；3，9—炉栅；4—陶瓷板；5，11—空气/煤气混合气；

6，12，16—流态床；7—顶部完全燃烧；8—附加空气或空气/煤气混合气；10，14—分布板；

13—电加热器；15—空气、中性或活性气体

5.2.2.2　流态床热处理特性

A　粒子特性

所有固态粒子都可以被流态化，但必须要满足较多条件，所以选择是比较严格的。常用的粒子有 Al_2O_3、SiC、SiO_2、ZrO（氧化锆）、石墨等。

目前，大多数采用 Al_2O_3，粒度为 $46 \sim 100$ 目（$150 \sim 320\mu m$），所以从室温到 1300℃ 以上温度时流态化气体仍然稳定，其为半永久性。

流态化粒子应满足的要求是：（1）力学的稳定性；（2）热容量；（3）惰性（对气体的钝感性）；（4）对人体无害；（5）大量获取；（6）经济性。

Al_2O_3 作为流态粒子与其他流态粒子相比，其优点在于有良好的传热能力、温度的稳定性高、粒子均匀性好、环境污染小，其不足之处是价格较高。Al_2O_3 特别适用于淬火。

此外，Al_2O_3 粒子冷却能力强，在上述粒子中，Al_2O_3 在流态床中的冷速大于其他粒子。

其基本规律是：随着粒子细化，冷却速度加快，但差别不大，同时粒子尺寸越细，流态粒子的成本越高；相反，当粒子尺寸增大，则所用气体量大幅增加，也相应地增加了成本。

B 流态床的传热特性

流态床的传热特性如图 5-3 所示。

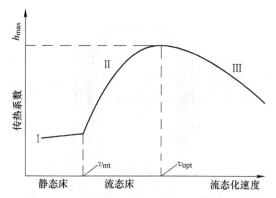

图 5-3 传热系数与流态化速度之间的关系

v_{mt}——最小流态化速度；v_{opt}——最佳流态化速度

该图分三个阶段，Ⅰ阶段是未沸腾的静止状态，导热率低，随流速增加，h 稍高。当流态化速度达到 v_{mt} 后，h 在相当窄的范围内迅速增长。Ⅱ阶段，当流态化速度大于 v_{pt} 后，h 下降，在 v_{opt} 时达到最佳的 h。

此外粒子尺寸细化，h 升高，如 80 目 Al_2O_3 粒子，$h = 567.8W/ (m^2 \cdot K)$

粗化 46 目 Al_2O_3 粒子，$h = 482.7W/ (m^2 \cdot K)$。总体来说，流态床的传热特性稍次于熔盐或油的液体，但却比保护气氛中的加热，或比空气中的冷却能力高得多。

C 流态床热处理的优点

（1）操作方便，工件干净。工件处理时，将工件放入流态床中，吊挂在料筐中，由于流态床可以把工件表面上的油水分解、蒸发掉，所以不像盐溶工件表面不能有水、油，而导致爆炸的危险。这对真空来说要求更高。此外流态床不需要定期的脱氧、捞渣，而且无腐蚀性，工件表面清洁。

（2）流态床热处理安全性好。

（3）多用性、灵活性好。

（4）流态床不仅可以加热还可以冷却，不受环境影响，不受介质、温度、浓度及老化的影响。

（5）流动粒子炉启动迅速。

（6）传热性、均匀性好，并可通过调节风量流速实现冷速控制。

（7）节能和降低生产成本。

（8）投资小。

5.2.2.3 流动粒子炉中的化学热处理

流动粒子炉渗碳与一般渗碳炉原理一样，它采用增碳-扩散技术进行，在增碳阶段，工件表面奥氏体被碳所饱和，接着在中性气氛中扩散，得到所要求的表面碳浓度。

例如采用天然气或丙烷气为渗碳气体，在中性介质中淬火和扩散阶段使用的惰性气体为高纯氮气炉子工作温度为 800~1050℃。

工件装炉前，Al_2O_3 粒子在渗碳条件下跑动 20min，使粒子被炭黑所包覆，事先达到所要求的状态，然后将工件装入流态化介质中，使之达到奥氏体中碳饱和度，炉中通入丙烷-空气混合气的这段时间即为渗碳时间。

渗碳一结束，可将开关拨到非增碳状态，加热方式改为潜入式燃烧。工件置于高纯氮气的中性气氛中，这将导致碳向钢中扩散。到时间后将工件出炉淬火。

通过扩散方程和位移式可求得渗层深度对应的时间：

950℃，　　　　总渗层深度（mm）$= 0.763\sqrt{时间（h）}$　　　　　　（5-1）

925℃，　　　　总渗层深度（mm）$= 0.6353\sqrt{时间（h）}$　　　　　　（5-2）

利用计算的总时间，根据下列哈里斯经验公式，确定获得一特定表面碳浓度所需的渗碳-扩散时间：

$$渗碳时间 = 总时间 \times \left(\frac{c - c_i}{c_0 - c_i}\right)^2 \qquad (5-3)$$

式中，c 为表面所需的碳量；c_0 为渗碳期结束时的表面含碳量；c_i 为心部的含碳量。

例如，10 钢（$w(C) = 0.15\%$）在 950℃进行流态床渗碳，要得到总渗层为 0.76~0.89mm，表面含碳量为 1.0%。由式（5-1）有：

$$0.825 = 0.763\sqrt{t}，$$

$$总时间\ t = \left(\frac{0.825}{0.763}\right)^2 = 1.17h = 70min,$$

$$渗碳时间 = 70 \times \left(\frac{1.0 - 0.15}{1.31 - 0.15}\right)^2 = 38min,$$

$$扩散时间 = 总时间 - 渗碳时间 = 70 - 38 = 32min.$$

5.2.3 可控气氛热处理

5.2.3.1 炉气控制原理

可控气氛是通过炉气中气体成分的比例控制来实现的。根据气体和气体混合物与金属表面的高温下的氧化、还原、增碳、脱碳反应规律，可进行炉气组分的合理调节，以使金属达到无氧化加热和钢达到一定程度的表面渗碳的目的。

若要使金属制品在加热时不氧化，只要把炉气调节到具有还原作用就行了。但若要使钢件渗碳层达到一定浓度，就要对炉气成分进行更严格的控制，即要控制炉气的碳势。比如吸热式气氛，它是有机物质，以甲醇、煤油、丙酮、天然气、液化石油气、煤气为原料通过高温炉进行不完全燃烧（或裂解）而成的一种混合气体。吸热式气氛中的主要成分为 CO、H_2 和 N_2。此外由于反应不完全，还会有少量的 CH_4、CO_2 和 H_2O，所以还会发生氧化与还原反应：

$$Fe + H_2O \Longrightarrow FeO + H_2 \tag{5-4}$$

$$Fe + CO_2 \Longrightarrow FeO + CO \tag{5-5}$$

渗碳与脱碳：

$$CO_2 + C(r - Fe) \Longrightarrow 2CO \tag{5-6}$$

$$H_2O + C(\gamma - Fe) \Longrightarrow CO + H_2 \tag{5-7}$$

$$2H_2 + C(\gamma - Fe) \Longrightarrow CH_4 \tag{5-8}$$

这种反应的方向，取决于两种性质气体的比值：$\varphi(H_2)/\varphi(H_2O)$、$\varphi(CO)/\varphi(CO_2)$、$\varphi(CH_4)/\varphi(H_2)$、$[\varphi(CO) + \varphi(H_2)]/\varphi(H_2O)$。

形成不氧化的条件是容易满足的，即 $\varphi(H_2)/\varphi(H_2O)$、$\varphi(CO)/\varphi(CO_2)$ 在较小的比值下即可达到。但若要渗碳不脱碳，则要求 $\varphi(CO)/\varphi(CO_2)$、$\varphi(CH_4)/\varphi(H_2)$、$[\varphi(CO) + \varphi(H_2)]/\varphi(H_2O)$ 的比值更大才能满足。

所以碳势控制，就是控制这些炉气组分间的相对量。在吸热式气氛中，由于燃气和空气的比例实际上在一个很小的范围内变化，所以 H_2、CO 的量可基本上认为不变，所以只要改变炉气中的 CO_2、H_2O、CH_4 的含量即可（CO、H_2、CH_4 为还原性气体，CO_2、H_2O 为氧化性气体）。另外，CO_2 和 H_2O 有制约关系，即水-煤气反应：

$$CO + H_2O \Longrightarrow CO_2 + H_2 \tag{5-9}$$

其反应平衡常数为：
$$K_w = \frac{p_{(CO)} \times p_{(H_2O)}}{p_{(CO_2)} \times p_{(H_2)}} = \frac{\varphi(CO) \times \varphi(H_2O)}{\varphi(CO_2) \times \varphi(H_2)} \tag{5-10}$$

所以
$$\varphi(CO_2) = \frac{\varphi(CO)}{K_w \times \varphi(H_2)} \times \varphi(H_2O) \tag{5-11}$$

$$\log K_w = -3175/T + 1.627 \tag{5-12}$$

其中 K_w 可查表。

比如，丙烷或丁烷制备的吸热式气氛中，$\varphi(CO)$ 大约为 24%，$\varphi(H_2)$ 大约为 32%，炉温 950℃，查表得：$K_w = 1.497$。那么

$$\varphi(CO_2) = \frac{24}{1.497 \times 32} \times \varphi(H_2O) = 0.501 \times \varphi(H_2O)$$

即 $\varphi(H_2O) \approx 2\varphi(CO_2)$。

所以只要控制 CO_2 或 H_2O 的量即可达到控制碳势的目的。

5.2.3.2 控制碳势的仪器和传感器

控制碳势有多种方式：气体色谱法，红外吸收，漏气测量，热丝电阻，氧探头。当前以氧势测量法最为流行，因为 ZrO_2 氧探头测量精度高，反应速度快且价格比较便宜。

氧探头是可以测出气体中微量氧的固体氧浓差电池。

构造原理如图 5-4 所示。ZrO_2 管内外壁镀一层 Pt，作为内外电极，并焊上导线引出。当管内外介质的氧分压（含氧量）有差别时，在电极间便产生一定的浓差电势 E（mV）：

$$E = 2.303\frac{RT}{4F}\log\frac{p_{O_2}}{p_{参比}} \tag{5-13}$$

或
$$E = 0.0496T\log\frac{p_{O_2}}{p_{参比}} \tag{5-14}$$

式中，p_{O_2} 为 2 个电极的氧分压；$p_{参比}$ 为介质的氧分压；T 为温度，K；R 为气体常数，$R \approx 8.314J/(mol \cdot K)$；$F$ 为法拉第常数，$F = 96.5727J/(mV \cdot mol)$。

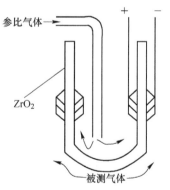

图 5-4 氧探头结构原理

5.3 热处理的节能技术

热处理的节能技术分为冷节能和加热设备节能，具体如图 5-5 所示。

其次，加热设备的节能途径具体如图 5-6 所示。

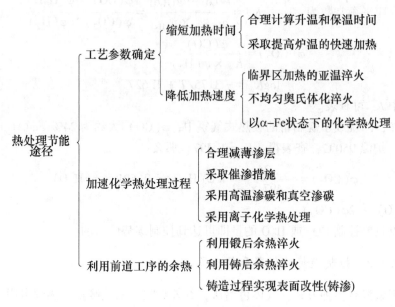

图 5-5　热处理节能途径

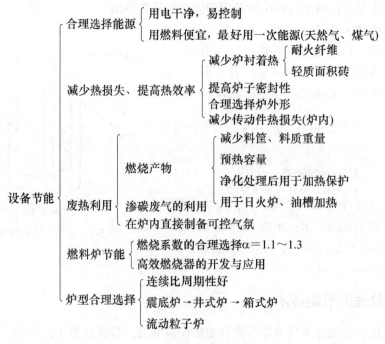

图 5-6　加热设备的节能途径

5.4 淬火冷却新技术

工件淬火时，一般都是为了获得整体或一定表层深度的马氏体组织。所以必须对冷速进行控制，以免形成铁素体、珠光体。淬火时的实际冷速与临界冷速的关系以及淬透层深度具有决定性影响。

传统方法中由于不能预测淬火介质在实际淬火条件下所具备的性能，热处理工作者在选用淬火介质时常会遇到困难。因此一般沿用碳钢水、合金钢油、高合金钢空气的方法。然而这样简单的几种介质已不适应不断发展的各种材料的要求。精确生产要求材料要在一定的可控冷速下，淬火才能达到最佳的性能要求。

5.4.1 评价淬火冷却过程的新观点

钢在液态介质中淬火时，全过程可分为三个阶段：蒸气膜阶段，沸腾阶段，对流阶段。1阶段由于蒸汽膜环绕工件，有强烈绝热作用，所以冷却缓慢；2阶段由于蒸汽膜破裂，淬火介质能够直接与工件接触，导致蒸汽传输，沸腾搅动液体使工件实现强烈冷却；3阶段金属表面温度降到低于淬火介质的沸腾温度范围时，工件的散热量通过淬火介质的对流和传导实现，所以冷速慢。

过去认为蒸气膜阶段持续时间短冷却效果好，但近来研究人员的试验结果提出了值得探讨的问题。

由图可知，开始冷却速度都依次较快，但随曲线的更长时间推移，其冷却能力下降。这个结果为图 5-7 所证实。

对油来说淬火油 A 和 B 的硬度低于油乳剂，而在图 5-7 中油 A 冷速大于油乳剂。

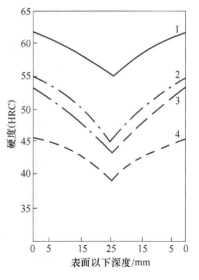

图 5-7 不同冷却介质下
硬度与工件表面以下深度的关系
1—自来水；2—油乳剂；
3—淬火油 A；4—淬火油 B

另一个淬火油冷却能力试验，得到如图 5-8、图 5-9 所示冷却曲线。

图 5-8 表明银棒探头沸腾现象在 A 中比在 B 中迟得多，但在 500℃下油 A 的冷速大于油 B，图 5-9 也同样出现上述现象。由于 B 较 A 早出现沸腾，所以钢棒在油 B 中得到的硬度按理应高于油 A 中得到的硬度。而实验结果（见图 5-10）正好相反，即钢棒在油 A 中得到的硬度高于油 B。

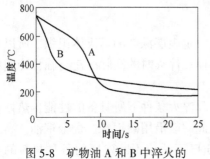

图 5-8 矿物油 A 和 B 中淬火的
φ16mm×48mm 银探头

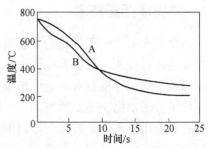

图 5-9 φ16mm×48mm 钢
探头中心的冷却曲线

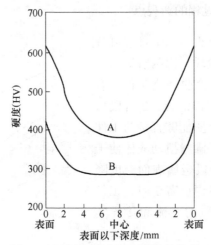

图 5-10 硬度与表面以下深度的关系

以上两例说明，用以往的观点来评定冷却曲线是困难的。

若将油 A、B 及油乳剂的冷却曲线叠绘在 50M7 钢的 CCT 曲线上得到如图 5-11所示的曲线。

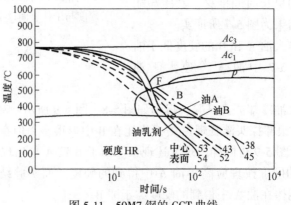

图 5-11 50M7 钢的 CCT 曲线

显然油 A 是具有较高的冷却能力，但油乳剂获得了更高的硬度。

为什么会产生这样的结果？显然用 CCT 图与冷却曲线叠绘图不能说明问题的原因，若我们把固态相变中的形核与长大问题联系起来，可能会得到很好的解释。图 5-12 所示为钢的 CCT 图。

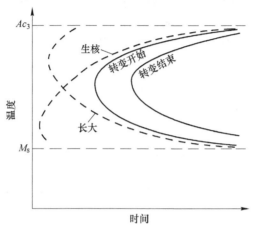

图 5-12　钢的 CCT 图

其机理是：过冷有利于形核，所以在低温下形核快，高温下形核慢。由于 ΔT 过大，即驱动力随温度下降而增大，而晶核的长大速率受扩散的影响，高温下扩散速率快，晶核长大迅速。用共析钢为例来说明，若将试样快速冷却至"鼻温"附近，在此温度保温，则形核与长大均以中等速度发生。若随后冷至较低温度，则形核在较短时间内随后开始，若升高温度能促进长大，完成转变所需时间比第一种情况短。所以可进一步设想，如果试样通过上部亚稳态奥氏体区的冷速慢，形核也就相应缓慢，推迟形核，从而提高了淬透性。若连续缓慢冷却恰好到形核区以前为止，随后改为快冷，则进入长大缓慢的区域（低温），所以这种方式显然将提高淬透性，而获得更多的 M 体，所以提高了硬度，即通过高温缓慢-低温快速的冷却方式将提高淬透性，在实践中，用厚度为 12~20mm 的钢板仅采用水淬得不到均匀的硬度，当进行空气-水复合冷却时，就可使 25~28mm 的钢板得到足够高而且均匀的硬度。

根据上述实验和理论分析，上述评价淬火冷却过程的新观点已被用来作为评价淬火介质的基础，并取得很大成效。

5.4.2　新型冷却介质

传统的冷却介质有水、盐水、油，有机渗液等。其中水廉价、无毒，不燃烧，具有低精度和高的强化热，冷却能力强，但由于水的冷却速度高，所以易引起工件变形、开裂倾向，特别是在马氏体转变温度范围内更为突出，所以水只限用于低淬透性钢。若是低碳钢和形状简单的零件，采用油可降低冷速，减小淬裂倾向，抗氧化性好和高的热稳定性，但冷却速率范围小（小于90℃/s），有污染和火灾的危险等，所以人们研制多种新型淬火介质。

（1）聚合物水溶液新型淬火介质。包括聚乙烯醇（PVA）、聚二醇（PAG）、聚丙烯酸盐（ACR）、羧甲基纤维素（CMC）等。这类新型介质具有无毒、无烟、不燃烧、无腐蚀等特点，冷却速率宽，性能优于水、油。主要优点：

1）消除火灾。

2）通过调整聚合物溶液的浓度、温度、搅拌的控制可以获得适合于不同钢种和条件的较宽的冷速范围。

3）水溶液中加少量聚合物即可达到目的，成本低。

4）无毒、无烟、无嗅、无刺激性，工作环境安全清洁。

5）工艺成本低。

所有聚合物淬火介质冷却机理基本相同，大致可用冷却过程的三阶段来说明，如图5-13所示。

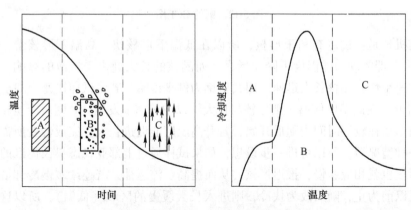

图 5-13　聚合物淬火介质冷却机理示意图

在 A 阶段中，形成包覆蒸气膜的聚合物层，冷却过程相当缓慢。在 B 阶段，薄膜破裂，冷介质与热金属接触导致沸腾冷速加快。C 阶段是最缓慢的，热交换通过液体传导和对流实现。这一阶段液体黏度对冷速影响很大。

不同的聚合物因其结构不同，性能上有所差异，PAG 的冷却范围宽，易控制，维护方便，现基本代替了 PVA 和 PVP。而 ACR、PEO 是更新的淬火介质。

（2）水-空气混合剂冷却。其特点是冷却过程中实际上不存在膜沸腾阶段，对流散热阶段也由于水雾沸点低而缩短了。这种介质可以通过调节水和空气的压力以及雾化装置和冷却表面之间距离，来改变混合剂的冷却能力：$h = 15 \sim 30mm$，冷却强度大；$h > Q35mm$ 时，冷却强度下降；$h = 25mm$，$p_{空气} = 0.15MPa$，$p_{水} =$

0.25MPa，$Q=0.025m^3/h$ 为最大。为防止变形，在接近400℃时将空气压力从 0.15MPa 提高到 0.4MPa，冷速接近于油。

（3）高压气体淬火。传统空气也是一种气淬，但是在正常的空气中冷却，随着真空加热淬火在工模具上的广泛应用，高压气淬得到推广，所以高合金工具钢不适合于油淬，而气淬可在淬硬的前提下，降低畸变。但随着工模具质量提高、尺寸以及装炉量增大，高压气淬应运而生。

气体压力从 100~200kPa 增加至 600~2000kPa，甚至达到 4000kPa（H_2、He、N_2、Ar），随着气压的增加，气体传热系数增加，冷速加大。可达到油的冷速，通过调节不同温度阶段、气体压力来控制冷速。

5.5 热处理显微组织控制技术

5.5.1 形变热处理新技术

提高钢的强度、韧性、延性，加工性能以及使用寿命是 21 世纪钢铁工业的重要奋斗目标之一。其办法主要是通过控制钢的化学成分、显微组织形态、固态形变和晶粒细化来实现。其中晶粒细化是强化、韧化综合效果最好，且消耗资源最少的技术措施。但是，要将晶粒尺寸细化到纳米水平，就目前来说，是非常困难的事情，而新发展的形变热处理技术可以部分解决，或基本解决以上问题。

例如，钡钒、氮微合金化低碳钢板经采用形变热处理工艺，可以获得细晶粒和高强度，因为在高温 A 区轧制过程中，沿奥氏体晶界析出的细小氮化钒颗粒，钉扎奥氏体晶界，阻碍了奥氏体晶粒长，从而细化晶粒，促进晶内 F 生成，提高了轧制效率，因此，这项工艺已广泛应用于厚板轧制生产中，并被各国冶金工业界称之为"第三代晶粒细化"技术。

形变热处理也称为热机处理或加工热处理，是将具有多晶型的合金（例如钢）或者时效硬化的合金在热处理过程开始之前、热处理过程中或热处理以后进行塑性变形，通过形变或热处理的复合作用来强化合金。

形变热处理一般可按照塑性变形温度分为两大类型：高温形变热处理和低温形变热处理，高温与低温区别是以奥氏体的再结晶温度为界限。在再结晶温度以上进行塑性变形的形变热处理称为高温形变热处理，相反，在再结晶温度以下进行塑性变形的形变热处理称为低温形变热处理。

5.5.1.1 高温形变热处理（HTMT）

高温形变热处理的强化对象主要是形变度在 4%~60% 范围的碳素钢和低合金钢。目前，应用较为成熟且广泛的工艺流程如图 5-14 所示。

一般工件经高温形变热处理后，能极大地提高钢的冲击性能，其冲击强度值可为未经高温形变热处理的 2～3 倍，而且经过这种形变热处理钢的淬透性增大，硬度提高，力学性能获得显著提高。这是因为塑性变形增加了金属中的缺陷（主要是位错）密度和改变了各种晶体缺陷的分布，在变形后，合金发生了马氏体相变，新相（M）往往对位错等缺陷的运动起钉扎、阻碍作用，使金属中缺陷稳定。变形时导入的位错，为了降低能量往往通过滑移、攀移等运动组合成二维或三维的位错网络，强化了亚结构。因此，与常规热处

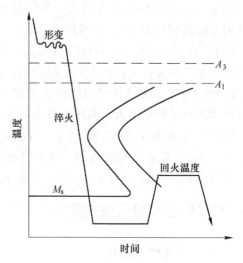

图 5-14　高温形变热处理

理相比较，形变热处理后，主要组织特征为：高位错密度、由位错网络形成的亚结构细小板条 M+弥散分布的碳化物。

实质上形变热处理是将形变时的加工硬化与热处理的相变强化相结合来提高材料的综合力学性能。

综合起来，高温形变热处理的优点在于：

（1）能消除或降低钢回火脆性。因为在 A 化温度以上进行塑性变形，不存在有害杂质的析出；在淬火时，由于冷速较快，杂质元素来不及沿 A 晶界偏聚析出，就形成了 M 组织；回火时，由于所提供的热力学条件不够，所以 S、P、Sn 等杂质元素一般固溶于晶内，很难沿晶界偏聚、析出。

（2）使钢的塑韧性增强。由于经过高温形变热处理后存在相对较多的稳定残余 A，这对于碳钢和低、高合金钢尤其适用。

（3）变形度小，由于 A 的变形阻力不大，所以无需特殊的变形设备，热处理通常可以在热变形工艺中完成。

但高温形变热处理也有一定的局限性：

（1）由于变形温度在再结晶温度以上，所以不可避免地要发生再结晶，因而降低了强化效果。

（2）适用性较窄，由于高温形变热处理内热作用，可能引起强烈的再结晶，所以仅用于一定厚度的工件。

合金经过高温形变珠光体化后，珠光体的片间距减小，从而细化了晶粒，晶界面积增大，由 Hall-Petch 关系可知，材料强度提高。

合金经过高温形变贝氏体化后，由于塑性形变过程提高了贝氏体的形核率，

并且阻碍了 α 相共格长大，这使得奥氏体中位错亚结构部分"遗传"至贝氏体中，使 α 相中位错密度提高，强化了亚结构，使得材料的强韧性提高。

5.5.1.2 低温形变热处理（LTMT）

低温形变热处理（见图 5-15）主要用于增强合金强度，但在改变合金塑性方面，效果不如高温形变热处理显著。其对象主要是变形度在 70%～90% 范围的中、高合金钢。

低温形变热处理的优点在于：与高温形变热处理相比，可获得高的强度和高的持久强度极限。由于在再结晶温度以下进行处理，故不存在因再结晶而降低强度的危险。因此，用很低的速率变形就可以得到最佳性能组织。

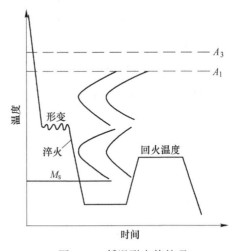

图 5-15 低温形变热处理

其局限性在于：

（1）与高温形变热处理不同，低温形变热处理几乎不能降低钢的回火脆性倾向，可能是因为中温变形等效于高温回火，使 S、P、Sn 等杂质元素偏聚、析出，降低晶界间结合力。

（2）由于必须冷到再结晶温度以下，所以使得工艺装备复杂化，而且需要辅助的热处理设备。

（3）变形度高（70%～90%），在中温范围内进行塑性变形时，变形阻力增加，必须使用大功率设备。

（4）适用范围窄，仅适用 A 稳定性高的中、高合金钢。因为低碳钢采用这种热处理时，残 A 量本来就少，加之塑性变形，容易发残 A 的转变，生成 M，这使得钢淬火后，几乎得不到韧性相，使得钢的韧性下降。

因此，为了改善高、低温形变热处理的不利影响，我们可采用复合形变热处理。

5.5.1.3 复合形变热处理

复合形变热处理的流程是热变形→淬火→冷变形→时效（见图 5-16）。复合形变热处理可使得材料的强韧性同时提高，而且使回火脆性倾向降低，避免了工艺复杂的中温形变。

现在用于波音 777 客机上的机翼外壳等的 7055 合金，它是美国于 1993 年耗资十亿美元研制的王牌铝合金（是以 Al-Zn-Mg-Zn 系为主的超高强度铝合金）专利。其中，有一道工艺，就是采用了复合形变热处理，它比一般热处理的铝合金，强度高出几倍，而且抗腐蚀，耐磨性能非常好，疲劳寿命也比经过常规热处理的材料翻了几番。

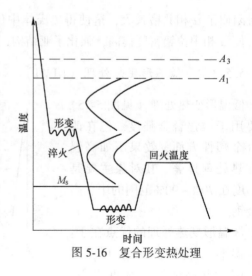

图 5-16 复合形变热处理

5.5.1.4 形变热处理的强韧化机理

形变热处理的强韧化效果是由形变热处理时钢的显微组织与精细结构特点所决定的。主要的机制有以下三点：

（1）形变热处理细化了 A 晶粒度，获得细小 M 或 B、P。经过大量实验证实：复合形变热处理细化能力>中温形变热处理细化能力>高温形变热处理细化能力>普通热处理细化能力。

（2）引入大量位错强化亚结构。形变时，A 形成了大量位错，这些位错在随后马氏体转变时，不但保留了下来，并且成为转变核心，促使马氏体转变量增多与细化。

此外，形变热处理过程中，由于马氏体继承大量的位错都属于不动位错，它对钢的强化作用比马氏体切变过程形成的位错有着更显著的强化效果。

（3）碳化物弥散强化作用。形变热处理中高密度位错，为碳化物的析出提供了大量有利场所，因此，使碳化物具有很高的弥散度。形变热处理中，弥散的碳化物同位错的交互作用是具有高强度的主要原因。

钢在形变热处理获得较高强度的同时，还保持着较好的塑性和韧性，这与其组织特点是分不开的。

从金相组织角度看，形变热处理细化了钢的组织，提高了钢的强韧性；从超显微结构特点来看，胞状亚结构一方面细化了亚晶粒，同时它的内部位错数量少，使那里的位错具有较大的可动性，有利于松弛应力集中，还可以提高断裂时的裂纹扩展功能，使裂纹扩展速率的 da/dN 降低，从而提高工件的使用寿命。

5.5.2 复相化热处理技术

复相化热处理是以获得多个相复合在一起的热处理技术，其目的是通过这种复相来相互配合，克服单一相所带来的问题，这为解决高强度水平下韧性不足的问题提供了一条简易的途径。

通常复相钢包括 B-M 复相钢、A-M 复相钢和 F-M 复相钢，还可以是三相组织，例如 F-A-M 复相钢或 B-A-M 复相钢。其中，B、A、F 均为韧性相，而通常情况下，M 相硬而脆。因此，单一的 M 钢虽然具有高强度、硬度，但韧性却较差。如果存在分散的韧性相，即能破坏硬相 M 的连续性，使裂纹的形成和扩展受到阻碍，改善裂纹走向，增大裂纹扩展路径等途径，从而显著提高钢的韧性。

5.5.2.1 复合组织强韧化机理

复合组织强韧化机理在于：提高对裂纹形成与扩展的抗力，改变裂纹走向，延长扩展性能。

在高强度相，如马氏体及其回火产物的基础上，由于有分散的韧性相与其相间存在而造成了力学上的不连续性。当裂纹扩展遇到韧性相时，易于塑变而有效地减弱裂纹尖端的局部应力集中，松弛三向拉伸应力状态，从而能阻止裂纹的形成与扩展，相应提高钢的韧性。

A 奥氏体韧化作用

Thomas 对 Fe-4Cr-0.3C 钢中加入 Mn 或 Ni 得到的马氏体-奥氏体复合组织的研究中发现，随 Mn、Ni 含量增加，残留奥氏体量相应增加，而 KIC、ak 值大幅度增加。分析认为这是由于马氏体板条间连续薄膜形式存在的奥氏体使裂纹钝化，从而产生 TRIP 效应。

B 贝氏体的韧化作用

大量合金结构钢研究表明，马氏体-贝氏体复合组织中，由于 B 体存在，韧性大幅度提高，其原因是由于韧性相钝化裂纹，缓和应力集中，分割马氏体晶体，细化晶粒，减小解理的单元面积等综合效果。

随 $B_下$ 含量增加，晶间断裂组分减少，当 $B_下$ 含量达到40%时，晶内间断口和解理断口全部消失，而断裂面积很小的准解理断口相应增加。说明 $B_上$ 的综合强韧性良好。可松弛裂纹前端的三向应力集中，预先分割奥氏体晶粒，使有效晶粒尺寸细化，一个奥氏体晶粒中的应力集中程度减小，使得韧性增高。

C 铁素体的韧化作用

(1) 通过 α-Fe 本身的塑变，缓解三向应力集中，阻止裂纹形成和扩展。(2) 细化晶粒，增加晶界面积，以阻碍裂纹的形成和扩展。(3) 改变裂纹扩展方向，增加裂纹扩展的途径。（4）使易于附在晶界上的杂质元素 Sb、P 的痕量元素富集于 α-Fe 中，减小了晶界脆性倾向。

特别是当 α-Fe 是针条状与马氏体相间分布时，可获得很高的强韧性，裂纹扩展时是沿相界面扩展和剪断 α-Fe 这两种途径交互进行的。所以针条状 α-Fe 细而长，裂纹扩展与针状铁素体长轴方向有一个夹角相遇的概率最大。相遇时首先沿 α-Fe 相界的扩展，偏离主裂纹面一定距离后，再剪断 α-Fe。

5.5.2.2　复合组织强化机理

通常，复相材料的强度由混合定则给出：

$$\sigma_s = [\sigma_{sm}] \times f_M + [\sigma_{SB}] \times f_B \tag{5-15}$$

而对大量的合金结构钢在马氏体基体上列入少量下贝氏体所构成的复合组织的强度和韧性，都高于上面的混合定则所估算的强度值。原因有如下两点：

（1）韧性相受硬相的约束。复合组织中韧性相的体积分数少，分散在高强相中，而处于马氏体相的包围中，受到很强的塑性约束，所以远离于单独状态存在时对变形的抗力，使复合组织接近或等于马氏体的强度水平。

（2）复合组织使界面增加。有效面积尺寸小，回火时碳化物分布均匀，颗粒小，通过 Hall-Petch 关系，即界面对位错运动阻力大，所以强度高。

5.5.2.3　复合组织的热处理工艺

A　高温奥氏体化

把低合金超高强度钢的奥氏体化温度从常规的 870℃ 提高到 1200℃，使这种钢淬火后获得位错型板条马氏体与条状的薄膜状残留奥氏体所组成的马氏体-奥氏体复合组织，在强度相近的情况下，其断裂韧性显著提高。如 4340 钢、4130 钢、30CrMnSi 钢、35CrMo 钢等。具体见表 5-3。

表 5-3　高温奥氏体化实验

种类	实验条件		$K_{IC}/\mathrm{MPa} \cdot \mathrm{m}^{1/2}$
4340 钢	870℃油淬，	200℃回火	85
	1200℃盐水，	200℃回火	115
	870℃油淬，	不回火	70
	1200℃盐水，	不回火	103
30CrMnSi 钢	880℃油淬，	200℃回火	70
	1200℃盐水，不回火		106

但要注意采用高温淬火在获得高温断裂韧性的同时，冲击韧性降低，是一对矛盾。

B　等温淬火

在贝氏体转变温区以及 M_s 点上下温度等温处理比高温直接淬火能使钢的组织获得数量更多和更稳定的残留奥氏体。

在稍高于 M_s 点等温，4340 钢获得 $B_下$ 和残留奥氏体，而在稍低于 M_s 点的温度等温得到马氏体+$B_下$+残留奥氏体的复合组织。残留奥氏体是以薄膜形式围绕在贝氏体和马氏体板条周围，并具有高的稳定性。

随等温温度的升高，残留奥氏体量增加，如在 350℃ 等温，AR 可达 20%。4340 钢+1.5Al+1.5Si 的改进钢种，在专项条件下，可获得 13%AR，400℃ 以下还有 9% AR，所以稳定性高，K_{IC} 可达 125MPa·m$^{1/2}$。

C　临界区淬火

在 γ+α 两相区加热后淬火+高温回火，可获得优异的强韧性，特别是当 γ、α 以针条状相间分布时可获得最大强韧化效应，这种组织是首先经高温淬火获得条束状的 M 体，后再经缓慢加热（小于 1℃/min），加热到临界区，γ 以针条状沿原 M 条界形成，而 M 条又不断将碳原子扩散到 γ 中，淬火后形成 α+γ 双向组织。

若在加热获得 α+γ 后再在 B 体区 250℃、450℃ 短时等温还可获得优异的强韧性和剪性的配合。

由于复相组织是解决常用的超高强钢、低合金高温钢和合金结构钢等存在的缺陷的有效途径，例如可降低冷脆性，提高低温韧性，降低甚至消除回火脆性等，而且工艺简单易行，经济效益明显，故具有广泛的应用前景。

参 考 文 献

[1] 刘天佑. 金属学与热处理 [M]. 北京：冶金工业出版社，2009.

[2] 王学武. 金属表面处理技术 [M]. 北京：机械工业出版社，2012.

[3] 孟延军. 轧钢基础知识 [M]. 北京：冶金工业出版社，2005.

[4] 任汉恩. 金属塑性变形与轧制技术 [M]. 北京：冶金工业出版社，2015.

[5] 柳谋渊. 金属压力加工工艺学 [M]. 北京：冶金工业出版社，2008.

[6] 谭起兵. 稀土对 Mn-RE 系贝氏体钢相变动力学及组织的影响 [D]. 贵阳：贵州大学.

[7] 翁宇庆，康永林. 中国轧钢近年来的技术进步 [J]. 钢铁，2010（09）.

[8] 张树堂. 21 世纪轧钢技术的发展 [J]. 轧钢，2001（01）.

[9] 王国栋，吴迪，朱苗勇，等. 后工业化时代的生态化轧钢工艺技术：钢铁共性技术协同创新中心工艺与装备开发平台简介 [J]. 中国冶金，2014（11）.

[10] 王国栋. 新一代 TMCP 技术的发展 [J]. 轧钢，2012（01）.

[11] 董妍. 金属材料运用和热处理技术 [J]. 机械管理开发，2015（10）.

[12] 苗高蕾. 金属材料热处理技术的发展 [J]. 时代农机，2015（11）.

[13] 樊东黎. 热处理技术进展 [J]. 金属热处理，2007（04）.

[14] 王罡. 浅谈金属材料的应用及热处理技术 [J]. 太原科技，2008（11）.